LA FOLLE HISTOIRE DES VIRUS

Tania Louis

LA FOLLE HISTOIRE DES VIRUS

humenSciences

ISBN 978-2-3838-8105-6
Dépôt légal – 1re édition : 2020, octobre
1re édition, Alpha : 2024, avril

170 bis, boulevard du Montparnasse 75014 Paris

SOMMAIRE

CHAPITRE 1

Mettre le monde en boîtes

Œil, nez, oreille, langue, mais aussi antenne, pétale, statolithe, ampoule de Lorenzini, fossette sensorielle, corpuscule de Pacini, nocicepteur, soie, ocelle, ommatidie, ligne latérale, et jusqu'au flagelle de certaines bactéries[1], la diversité des organes sensoriels des êtres vivant sur notre planète est surprenante. En dresser une liste exhaustive serait voué à l'échec.

Nous sommes loin de tous les connaître, sans même parler de les comprendre, et leur hétérogénéité les rend déjà difficiles à classifier. Certains sont des molécules uniques, ne mesurant même pas un millième de millimètre, d'autres des assemblages de différents types de cellules pouvant atteindre plusieurs centimètres. Peut-on aujourd'hui affirmer qu'on connaît le fonctionnement « de l'œil » alors qu'il existe de nombreux types d'yeux très différents les uns des autres et qu'en 2019 une étude sur des poissons abyssaux suggérait l'existence d'un système jusqu'alors inconnu, qui leur permet de distinguer des couleurs dans l'obscurité ?

Mais cette incroyable variété ne doit pas faire oublier que ces organes sensoriels ont tous la même fonction : permettre à l'être qui les porte d'appréhender son environnement. Ce qui est pour le moins utile, qu'il s'agisse d'éviter des prédateurs, repérer des proies ou trouver des partenaires avec lesquels se reproduire.

Ainsi, à leur façon et à leur niveau, tous les êtres vivants perçoivent le milieu qui les entoure. Et nous, humains, avons poussé cette observation un cran plus loin.

Impossible d'affirmer avec certitude que nous sommes les seuls à le faire, mais depuis plusieurs millénaires, non contents de discerner le monde, nous tentons de le décrire et de le comprendre. Aussi bien à notre échelle qu'à d'autres, beaucoup plus petites et beaucoup plus grandes que nous.

Quel que soit le domaine concerné, de la géologie à la chimie en passant par l'astrophysique, une étape semble essentielle dans notre façon d'analyser notre environnement : nous essayons de classer les éléments que nous observons en fonction de leurs ressemblances et de leurs différences. Autrement dit nous tentons de mettre le monde dans des boîtes, sur lesquelles nous collons des étiquettes. Et nous nous débrouillons pour adapter la taille et le nom de ces boîtes à l'évolution de nos connaissances.

Cette démarche a des avantages et des inconvénients. Car si elle constitue souvent une bonne entrée en matière, sa pertinence finale varie énormément selon le sujet étudié. Ce serait en tout cas une erreur de la mépriser : on lui doit plusieurs belles découvertes qui ont marqué l'histoire des sciences. La plus notable étant sans doute le tableau périodique des éléments chimiques.

Le succès des chimistes

On trouve aujourd'hui ce tableau dans la plupart des classes et des laboratoires de chimie. Présenté en format paysage, il contient 18 colonnes et 7 lignes, pour certaines entrecoupées de trous, plus 2 lignes généralement placées sous le reste du tableau. Dans chacune de ses 118 cases sont mentionnés un symbole d'une ou deux lettres, un nom et au moins deux nombres, qui sont autant de façons de désigner un élément chimique.

L'ensemble est impressionnant et peut difficilement être lu sans avoir un minimum de formation en chimie. Mais ce document réussit la prouesse de présenter la totalité des éléments chimiques actuellement connus, sous une forme permettant à qui sait la lire d'avoir en un seul coup d'œil une idée des propriétés de chacun d'entre eux.

Pour mesurer l'ampleur de cet exploit, rappelons-nous que l'ensemble de la matière qui nous entoure et nous constitue est composée d'éléments chimiques. De l'air que nous respirons aux lointaines étoiles en passant par nos propres cerveaux.

On peut considérer ces éléments chimiques comme autant de sortes de « grains de matière ». Ils existent sous des formes isolées, qu'on appelle des atomes, et s'assemblent dans des structures regroupant plusieurs grains de matière, qui peuvent être différents ou identiques, et qu'on appelle des molécules. Certaines ne contiennent que deux atomes, d'autres plusieurs milliards.

Quelle que soit la façon dont ils sont agencés pour la former, l'intégralité de la matière de notre Univers est composée d'un nombre fini d'éléments chimiques. Et l'ensemble des éléments chimiques connus est décrit dans un tableau qui tient sur une page et peut être lu facilement par un chimiste.

Cet exemple de classification est déjà impressionnant si on s'arrête là. Mais il le devient encore plus si on ajoute qu'à l'époque où ce tableau a été proposé, on ne connaissait qu'une soixantaine d'éléments chimiques, on n'avait aucune idée de leur structure interne et on se basait sur une donnée mesurée de façon très imprécise.

Les chimistes du XIXe siècle ont pourtant défini des boîtes pour ranger les composants de la matière qui, au fil des découvertes faites depuis, se sont révélées particulièrement bien adaptées pour décrire la réalité. Gros coup de chance ou prouesse méthodologique ? Sans doute un peu des deux.

La recherche est un travail d'équipe

Pour comprendre cet exploit, remontons un peu le temps. La classification périodique des éléments que nous utilisons aujourd'hui découle de celle proposée par le chimiste russe Dmitri Mendeleïev en 1869, qui s'appuie elle-même sur les travaux menés par d'autres personnes avant lui.

C'est à mon avis le constat le plus fréquent et le plus important lorsqu'on s'intéresse à l'histoire des sciences : une découverte n'est jamais faite par une seule personne. Même si certaines notions sont fermement associées à un nom dans notre culture générale (la relativité d'Einstein, les lois de Newton, la poussée d'Archimède...), la progression des connaissances est toujours un travail collectif. Le nom qui passe à la postérité est généralement celui de la personne qui a mis la dernière touche à la démonstration. Si on compare l'accumulation de savoirs à la construction d'une maison, on retient souvent le nom de la personne qui s'est occupée des peintures, en oubliant qu'avant elle, il a fallu que d'autres dessinent les plans puis construisent les fondations et les murs[2].

Dans le cas du tableau périodique des éléments, on peut même considérer qu'il est associé uniquement au nom de celui qui a fini de peindre le salon alors que dans la chambre d'à côté, un autre artisan, son travail à peine achevé, rinçait encore ses pinceaux.

En Europe, la notion d'atomes (du grec *atomos*, « qu'on ne peut couper ») remonte au Ve siècle avant notre ère, au cours duquel les philosophes grecs Leucippe et Démocrite ont développé l'idée d'un univers composé à la fois de matière et de vide. La matière devant nécessairement être formée de petites unités indivisibles et indestructibles pour éviter qu'elle ne soit peu à peu annihilée.

Il faudra attendre le début du XIXe siècle pour que les scientifiques commencent à utiliser le terme d'atome dans son sens actuel. On le doit à John Dalton, un enseignant anglais qui a donné son nom au daltonisme, dont il souffrait lui-même et qu'il est le premier à avoir décrit. Il s'intéressait à la météorologie, ce qui l'a amené à étudier les gaz. Et à affiner dans les années 1800 une théorie atomique qui décrit la matière comme composée de petites particules indivisibles, les atomes, dont il existe différents types, chacun étant caractérisé par sa taille, sa masse et d'autres propriétés. Il précise également que les atomes peuvent s'associer pour former des molécules, mais suppose initialement, en se trompant, qu'une molécule composée de deux types d'atomes doit forcément en contenir un de chaque.

Les travaux de John Dalton ont ainsi modernisé la notion d'atome. Ils posent également la première pierre de la classification des éléments chimiques, en associant à chacun d'eux une valeur numérique : sa masse.

Les masses des atomes sont minuscules. Pour les exprimer en kilogramme, il faudrait écrire des nombres de type 0,000... avec plus de vingt zéros après la virgule avant d'arriver à un autre chiffre. Autant dire qu'au début du XIXe siècle, il n'était pas question de purifier des atomes et de simplement les poser sur une balance pour mesurer leur masse (aujourd'hui non plus d'ailleurs, on utilise des appareils bien plus complexes).

John Dalton a contourné le problème en imaginant une astuce qui a été adoptée rapidement par ses contemporains : au lieu d'essayer d'évaluer la masse de chaque atome en kilogramme, il a considéré que le plus petit atome connu, l'hydrogène, avait une masse de 1 et a comparé la masse des autres atomes à celle de l'hydrogène.

En faisant réagir différents éléments chimiques avec de l'hydrogène et en mesurant les masses des molécules obtenues, on pouvait en théorie estimer les masses relatives des éléments chimiques par rapport à celle de l'hydrogène. Ça restait quand même plus facile à dire qu'à faire, car la composition atomique des molécules obtenues n'était pas connue et qu'il fallait la deviner ! Le premier calcul de masse atomique de l'oxygène était d'ailleurs faux car il se basait sur la formation d'une molécule d'eau considérée comme contenant un atome d'oxygène pour un atome d'hydrogène, alors qu'elle contient en réalité un atome d'oxygène pour deux atomes d'hydrogène[3].

Il a fallu plusieurs décennies et le travail de nombreux chimistes, notamment l'Italien Stanislao Cannizzaro, pour affiner les mesures des masses atomiques.

Parallèlement, d'autres ont commencé à utiliser cette nouvelle grandeur en la comparant avec les informations dont ils disposaient déjà : les propriétés physiques et chimiques des différents éléments. L'Allemand Johann Döbereiner a ainsi repéré à partir de 1817 des groupes de trois éléments chimiques, les triades, qui partagent des propriétés proches et dont les masses atomiques sont liées par un rapport mathématique simple : une est la moyenne des deux autres. L'idée d'un lien entre les propriétés des éléments et leurs masses commence à émerger.

C'est un géologue français, Alexandre-Émile de Chancourtois, qui propose la première classification périodique des éléments, c'est-à-dire une classification au sein de laquelle un motif se répète à intervalles réguliers. Il la publie en 1862, soit sept ans avant Mendeleïev, mais elle passe inaperçue… Il faut dire que cette classification, baptisée « vis tellurique », prend la forme d'une spirale dessinée sur un cylindre. Un agencement d'autant plus difficile à visualiser que, suite à une erreur de l'éditeur, l'article qui le présentait ne contenait pas de schéma !

On y retrouve cependant les grands principes des classifications à venir : les éléments chimiques sont rangés par masse atomique croissante et ceux qui ont des propriétés similaires sont alignés sur la même verticale.

D'autres classifications périodiques seront proposées dans les années suivantes, notamment par John Newlands, William Odling et Gustavus Hinrichs. Finalement, en 1868, le chimiste allemand Julius Lothar Meyer publie une version mise à jour de sa classification de 1864. Ou en tout cas l'envoie à un éditeur. Elle ne sera finalement publiée qu'en 1870, après celle de Dmitri Mendeleïev. Les deux étant très similaires, cela a donné lieu à une controverse sur la paternité de *la* classification périodique des éléments qui n'a jamais réellement pris fin, même si la postérité ne retient aujourd'hui que le nom de Mendeleïev.

Les classifications de Meyer et de Mendeleïev posaient en tout cas les bases du système qu'on utilise encore : les éléments chimiques sont classés par ordre croissant d'une de leur caractéristique physique (à l'époque leur masse atomique), les retours à la ligne périodiques permettent d'aligner[4] des éléments qui partagent les mêmes propriétés chimiques, et les éléments proches dans le tableau, même placés sur des lignes ou des colonnes différentes, partagent suffisamment de caractéristiques pour pouvoir être regroupés dans des familles spécifiques.

Dmitri Mendeleïev et certains de ses contemporains avaient dû faire plusieurs ajustements judicieux pour que cela fonctionne, comme inverser la position de certains éléments chimiques malgré leurs masses atomiques pour qu'ils soient alignés avec ceux qui partagent les mêmes propriétés. Ou laisser des cases vides en supposant l'existence d'éléments encore inconnus qui viendraient les remplir.

Ces intuitions expliquent en partie la robustesse de ces classifications établies à une époque où l'existence même des atomes n'était pas encore démontrée : les chercheurs avaient conscience de ne connaître qu'en partie la réalité qu'ils essayaient de décrire et ont prévu de l'espace pour les découvertes à venir.

La première d'entre elles ébranlait pourtant le fondement de la théorie atomique de Dalton, à l'origine de la mesure des masses atomiques et donc de la classification des éléments chimiques : les atomes ne sont pas des particules indivisibles.

Des données et des suppositions

Les électrons ont été découverts en 1897 par le physicien anglais Joseph John Thomson. En 1909, Ernest Rutherford, son ancien élève, a supervisé une expérience qui l'a conduit à décrire les atomes comme constitués d'électrons qui tournent autour d'un noyau… Dont on s'est finalement aperçu qu'il est lui-même composé de deux éléments, les protons (découverts en 1919) et les neutrons (découverts en 1932), qui sont eux-mêmes des assemblages de particules élémentaires finalement indivisibles : des quarks.

Mais ces avancées n'ont pas ébranlé la classification périodique des éléments, au contraire : elles ont permis de l'affiner et de comprendre l'origine de certaines de ses caractéristiques !

Le classement des éléments chimiques par masse atomique ne fonctionnait pas très bien. Henry Moseley, jeune physicien britannique, a démontré qu'il faut en fait les ranger en fonction du nombre de protons contenus dans leurs noyaux. Ces résultats, obtenus juste avant le début de la Première Guerre mondiale, annonçaient une carrière prometteuse. Mais, ayant choisi de se battre pour son pays, Moseley est mort en 1915, à seulement 27 ans. Il aura quand même eu le temps de repenser la classification périodique des éléments !

En rangeant ces derniers par nombre de protons croissant, l'ordre est parfaitement cohérent avec les propriétés chimiques et il n'y a plus besoin de faire d'inversion. Cela permet également de déterminer précisément le nombre de cases du tableau : une pour chaque nombre possible de protons, de 1 pour l'hydrogène à 118 pour l'oganesson. Les plus gros éléments de la classification périodique n'ont été observés qu'après avoir été synthétisés artificiellement et sont très instables ; peut-être qu'il existe des éléments qui contiennent plus de 118 protons et qu'il faudra ajouter une ligne au tableau, mais on n'en a pas rencontré pour l'instant.

Enfin, sans rentrer dans les détails, l'organisation surprenante des colonnes de la classification périodique des éléments[5], initialement liée à la volonté d'aligner ceux possédant les mêmes propriétés chimiques, s'explique par la façon dont les électrons s'organisent autour des noyaux des atomes. Qui est elle-même à l'origine d'une partie de leurs propriétés chimiques.

La classification périodique des éléments est une construction impressionnante et intéressante, mais son histoire l'est encore plus. D'une part parce qu'elle est assez caractéristique de la façon dont les connaissances scientifiques progressent : collectivement, en s'appuyant sur des données et des suppositions, en mobilisant des chercheurs aux profils et aux origines variés, à partir d'erreurs et de tâtonnements... D'autre part parce qu'elle souligne à quel point il nous faut faire preuve de modestie quand nous essayons de décrire et de comprendre ce qui nous entoure.

Le monde existe indépendamment de la façon dont nous essayons de décortiquer ce qui le compose. Comme le disait le physicien et vulgarisateur Carl Sagan, « notre univers sera toujours beaucoup plus profond que notre capacité à le comprendre ». Nous réfléchissons et nous faisons des propositions, cohérentes avec nos connaissances à un moment donné, mais celles-ci restent des descriptions *a posteriori*.

Si les boîtes dans lesquelles nous rangeons le monde semblent fonctionner, c'est souvent une simple question de chance. Si les découvertes suivantes confortent ces boîtes, tant mieux. Mais si de nouvelles données font qu'elles ne fonctionnent plus, c'est nécessairement la faute de nos boîtes. À nous d'en chercher d'autres ou de faire preuve de précautions si nous conservons les anciennes.

Le dilemme des physiciens

Si vous lisez ce livre et que vous avez des connaissances poussées en physique, vous avez peut-être été déçu(e) en constatant, quelques paragraphes plus haut, que j'ai soigneusement évité d'expliquer la façon dont les électrons sont disposés autour des noyaux atomiques. Je m'excuse d'avance pour la frustration que pourrait générer ce qui va suivre et je fais appel à votre bienveillance : après tout, même si ce n'est pas encore évident, vous avez entre les mains un livre de biologie.

Il n'empêche qu'au moment où j'écris ces lignes, ce sont les physiciens qui se débattent le plus ouvertement avec leurs boîtes de description du monde. Et c'est particulièrement intéressant, car leur façon de gérer ces conflits est très différente de celle privilégiée par les biologistes !

Une lumière très obscure

Pour comprendre les défauts de la façon dont les scientifiques décrivent actuellement notre monde physique, on peut s'intéresser à la nature de la lumière. Nous y sommes exposés tous les jours, mais la comprendre a été un vrai casse-tête et l'origine d'un des plus grands chamboulements de la physique moderne.

Au XVIIe siècle, deux conceptions très différentes de la lumière s'opposaient, celle d'Isaac Newton et celle de Christian Huygens. Selon Newton, la lumière était de nature corpusculaire, c'est-à-dire composée de petites particules, qui se déplacent en ligne droite. Selon Huygens, la lumière était une onde, c'est-à-dire une perturbation en mouvement dans l'espace, comme des vagues à la surface de l'eau. Ces deux visions de la lumière reposaient à la fois sur des suppositions, des calculs et des observations, mais il était impossible de formellement prouver que l'une ou l'autre était vraie avec les moyens de l'époque.

Les ondes et les corpuscules sont deux types de boîtes très différents, associés à des propriétés physiques discordantes, voire contradictoires. Et pourtant on ne savait pas dans lequel classer un objet aussi quotidien que la lumière !

Des expériences décrites et réalisées au début du XIXe siècle ont permis de montrer que la lumière se comporte comme une onde, au moins dans certaines conditions… mais, comme l'a fait remarquer un certain Albert Einstein en 1905, plusieurs observations qui impliquaient de la lumière et de la matière n'étaient pas expliquées par l'hypothèse d'une lumière ondulatoire. Alors qu'elles correspondaient à ce qu'on s'attendrait à obtenir en considérant la lumière comme formée de billes d'énergie capables de se déplacer dans le vide.

Peu soutenu par le reste de la communauté scientifique sur ce sujet, Albert Einstein poursuit néanmoins ses travaux sur la lumière et fait en 1909 une proposition révolutionnaire, basée sur des résultats mathématiques : la lumière ne serait pas une onde ou un assemblage de particules, mais les deux à la fois. Il ne s'agit plus de débattre de la boîte dans laquelle ranger la lumière mais d'affirmer qu'au moins en ce qui concerne la lumière, nos boîtes ne sont tout simplement pas pertinentes.

De la matière fuyante

À l'époque, l'hypothèse radicale d'Einstein n'émeut pas ses contemporains et n'influence pas les recherches menées par les physiciens. Mais en 1924 le Français Louis de Broglie propose de transformer en règle l'exception qu'est la lumière : il émet et développe dans sa thèse l'hypothèse qu'une onde est nécessairement associée à toute particule. Autrement dit que la matière existe simultanément en tant qu'ondes et en tant qu'assemblage de corpuscules.

Cette supposition pour le moins originale s'est rapidement retrouvée confortée par des preuves expérimentales. Dès 1927, l'expérience de Davisson-Germer, du nom des deux physiciens américains qui l'ont réalisée, montre que des électrons propulsés sur un cristal de nickel sont renvoyés par celui-ci en produisant une figure caractéristique des ondes. Le même type de résultat est obtenu presque simultanément dans un autre laboratoire par le physicien George Paget Thomson. Des particules matérielles, en l'occurrence des électrons, peuvent donc bel et bien se comporter comme des ondes.

Cela a également été observé pour des atomes d'hélium et des molécules de dihydrogène en 1930, des neutrons dans les années 1940, puis au fil du temps pour des structures de plus en plus complexes, jusqu'à des molécules composées de 60 atomes de carbone en 1999 et un dérivé de pigment comprenant 114 atomes de cinq types différents en 2012. Aujourd'hui, les propriétés ondulatoires des électrons, des neutrons et de certains atomes sont même utilisées de façon relativement courante par les physiciens.

Autant dire que les boîtes « corpuscules » et « ondes » sur lesquelles la physique s'était appuyée pendant plusieurs siècles ont désormais volé en éclats. Sans compter que, si certaines expériences très précises permettent de confirmer la dualité onde-corpuscule, comme l'appellent les physiciens, on est encore très loin de savoir l'expliquer.

La théorie dominante à l'heure actuelle, venue tout droit de la physique quantique, est que tant qu'on n'observe pas un objet, il n'est pas présent en un point précis de l'espace, mais que chaque point de l'espace est associé à une probabilité plus ou moins élevée de présence de l'objet. C'est ce qui expliquerait le comportement de type ondulatoire. En revanche lorsqu'on observe un objet, celui-ci se retrouve dans une position donnée, justement due au fait qu'on l'observe.

Cette coexistence de deux états *a priori* incompatibles ne pouvant être séparés que par l'observation vous rappelle peut-être l'histoire d'un certain chat à la fois mort et vivant. La fameuse expérience de pensée formulée par Erwin Schrödinger consistait à imaginer un chat, enfermé dans une boîte avec un dispositif d'empoisonnement susceptible d'être déclenché par la désintégration d'un atome radioactif. En l'absence de mesure, cet atome répondant aux lois de la mécanique quantique est à la fois désintégré et non désintégré, avec des probabilités plus ou moins importantes... ce qui conditionne l'état du chat, à la fois mort et vivant tant que la boîte n'a pas été ouverte pour vérifier. Ce dispositif farfelu, jamais mis en place, avait précisément pour objectif de souligner le côté paradoxal de la coexistence de différents états simultanés, en la transposant de l'échelle microscopique des atomes et des particules à une échelle qui nous est plus familière.

En réalité les objets ne sont vraisemblablement pas à la fois des ondes et des corpuscules, mais quelque chose de différent, à ranger dans une boîte sur laquelle nous ne sommes pas encore capables de coller une étiquette et dont nous ne connaissons pas vraiment les limites.

Si cette nouvelle vision des choses vous retourne le cerveau, j'ai une bonne et une mauvaise nouvelle à vous annoncer.

La bonne nouvelle, c'est que les cerveaux des physiciens sont tout aussi retournés que le vôtre. Deux citations l'illustrent particulièrement bien. En 1925, Wolfgang Pauli écrivit à un autre chercheur : « En ce moment, la physique est à nouveau très confuse ; en tout cas, c'est trop compliqué pour moi, et je voudrais bien être acteur de cinéma ou quelque chose dans ce goût-là et n'avoir jamais entendu parler de physique. » Et quelques décennies plus tard, Richard Feynman ajouta : « Si vous pouvez l'éviter, ne vous demandez pas constamment "mais comment peut-il en être ainsi ?". Personne ne sait comment il peut en être ainsi. » Pourtant, comme beaucoup des scientifiques cités dans ces dernières pages, Pauli et Feynman ont tous les deux reçu un prix Nobel de physique.

La mauvaise nouvelle, c'est que la découverte de la dualité onde-corpuscule n'est que le début du chamboulement que la physique a connu au cours du dernier siècle.

Jusqu'au bout de l'Univers

Sans entrer dans les détails, on trouve en physique moderne un certain nombre de théories basées sur des calculs de plus en plus compliqués et pouvant faire appel à des outils mathématiques très différents. Les prédictions faites par ces calculs sont comparées aux observations du réel et les théories qui décrivent le mieux possible la réalité et qui s'appliquent à un maximum de situations sont conservées et utilisées par les physiciens. C'est notamment ainsi que la théorie de la relativité générale, formulée par Einstein, a remplacé la théorie de la gravitation universelle de Newton.

Au XVIIe siècle, Isaac Newton a construit une théorie supposant l'existence d'une force de gravitation, correspondant à une attraction réciproque et s'appliquant entre tous les corps dotés d'une masse, qu'il s'agisse d'étoiles ou d'objets à la surface de la Terre. Les calculs correspondants donnaient des résultats en accord avec les observations de l'époque et cette théorie a donc été largement acceptée et utilisée. Mais il restait certaines données que la gravitation universelle n'expliquait pas…

Quand Albert Einstein a proposé la théorie de la relativité générale au début du XXe siècle, il s'est appuyé sur des principes physiques très différents de ceux mobilisés par Newton (en l'occurrence l'existence et la courbure de l'espace-temps). Mais les applications mathématiques de cette nouvelle théorie donnaient des résultats partiellement identiques aux calculs de Newton. En fait ils étaient identiques dans les cas où la théorie de Newton correspondait aux observations, et différents dans les cas où la théorie de Newton ne correspondait pas aux observations. Dans ces cas-là, la nouvelle théorie formulée par Einstein faisait mieux que la précédente : non seulement elle donnait des résultats cohérents avec les observations, mais elle prédisait des éléments comme les trous noirs, les ondes gravitationnelles, le rougissement gravitationnel et l'expansion de l'Univers, qui étaient inconnus à l'époque et dont l'existence a été confirmée par la suite.

Bref, la relativité générale correspondait mieux à la réalité que la gravitation universelle et les physiciens ont donc adopté cette nouvelle théorie.

Mais il existe toujours des situations que la relativité générale n'explique pas. Si celle-ci s'applique très bien aux objets extrêmement denses, elle ne prédit pas efficacement le comportement des objets très petits. Dans ce cas il faut faire appel à la physique quantique, et paradoxalement, même si ces deux visions du monde ont été initiées par Einstein en 1905, elles ne sont pas du tout compatibles.

Heureusement les objets à la fois très denses et très petits sont plutôt rares. Mais parmi eux se trouvent le cœur des trous noirs et l'Univers lui-même dans ses premiers instants, ce qui donne curieusement très envie aux physiciens de trouver une théorie qui permette de les décrire.

Plusieurs propositions ont déjà été faites, comme la théorie des cordes et celle de la gravitation quantique à boucles, mais aucune n'est suffisamment satisfaisante dans son état actuel pour s'imposer. Les physiciens sont donc à la recherche de ce qu'ils appellent une théorie du tout, dénomination aussi ambitieuse que l'objectif qu'elle représente.

En un siècle la physique a été rudement secouée. Les boîtes basiques qu'utilisaient les chercheurs pour ranger et décrire les objets qui nous entourent ont été mises au rebut et personne n'est vraiment sûr des dimensions et des étiquettes à utiliser pour les nouvelles. Les théories et les outils mathématiques qui pouvaient servir à se repérer ont progressé mais, comme à chaque saut vers l'avant, ils se heurtent à un nouveau mur d'incompréhension. De leur côté les instruments de mesure et d'expérimentation s'améliorent rapidement, aussi bien à l'échelle des molécules qu'à celle des galaxies, et sont des arbitres de plus en plus exigeants de l'exactitude des hypothèses qu'on leur soumet.

Une situation à la fois difficile et excitante que les physiciens affrontent en relevant le défi : trouver des outils mathématiques qui décrivent encore mieux le réel, pour comprendre et reconstruire un nouveau système de boîtes dans lesquelles ranger le monde.

Confrontés à des chamboulements de la même importance, les biologistes prennent la chose avec plus de détachement.

Le flegme des biologistes

Si le terme « biologie » n'a été formulé qu'au début du XIXe siècle pour désigner la discipline consacrée à l'étude du vivant, cette science a, de façon assez peu originale, des racines qui remontent à l'Antiquité grecque.

On considère généralement que les premiers biologistes sont ceux qui se sont donné pour mission de décrire et de classer les êtres vivants. Une œuvre monumentale qui, deux millénaires et demi plus tard, n'est toujours pas achevée.

Aristote, le premier zoologue

L'histoire de la classification du vivant est parsemée d'ouvrages colossaux, à l'image de la quantité de travail que représente cette tâche. Le plus ancien est dû à Aristote, philosophe grec ayant vécu au IVe siècle avant notre ère et disciple de Platon. Il a rédigé cinq traités de biologie : *Histoire des animaux*, *Parties des animaux*, *Génération des animaux*, *Du mouvement des animaux* et *Marche des animaux*, soit au total une vingtaine de livres exclusivement consacrés à l'étude du monde animal.

Il y mentionne plusieurs centaines d'espèces, dont sont faites des descriptions anatomiques précises complétées par des informations sur les modes de vie, de déplacement et de reproduction. S'il n'explique pas l'origine de ce contenu, on sait qu'il a passé quelques années sur l'île de Lesbos à observer la faune, à récupérer des informations auprès des pêcheurs et à pratiquer lui-même des dissections et des vivisections.

Mais son œuvre va plus loin qu'une description détaillée des animaux : il s'appuie sur les informations à sa disposition pour en proposer une classification. Il distingue dans un premier temps les animaux pourvus de sang et ceux qui en sont dépourvus.

Parmi les premiers, il sépare les vivipares, qui se reproduisent en mettant au monde des petits, et les ovipares, qui se reproduisent en pondant. Au sein des ovipares, il identifie trois catégories : les oiseaux, les poissons et les quadrupèdes, dans lesquels il range les tortues, les grenouilles, les crocodiles, les lézards mais aussi les serpents ! Tandis que pour les vivipares, il fait une distinction entre ceux qui vivent sur terre et ceux qui vivent dans l'eau. Car, aussi surprenant que cela puisse paraître avec les moyens de l'époque, Aristote avait déjà identifié les dauphins, les baleines et les marsouins comme des vivipares qui allaitent leurs petits.

Parmi les animaux dépourvus de sang, Aristote détermine quatre groupes : les insectes, les crustacés, les testacés (qui correspondent à des coquillages) et les mollusques (seiches, calmars et espèces de ce type).

Évidemment, ces mots qui ne sont que des traductions *a posteriori* n'avaient pas à l'époque le sens qu'ils ont aujourd'hui et ils ne désignaient pas tout à fait les mêmes espèces ; Aristote considérait par exemple les mille-pattes comme des insectes. Mais cette première classification force le respect, à la fois par la précision des descriptions sur lesquelles elle s'appuie et par la méthodologie décrite et suivie pour déterminer des catégories d'animaux.

Cela étant dit, ce travail pionnier de catégorisation était bien sûr plein d'erreurs et il s'accompagnait de deux conceptions du vivant, elles aussi erronées, qui ont perduré pendant des siècles. La première est la génération spontanée, c'est-à-dire l'hypothèse que des êtres vivants peuvent apparaître spontanément à partir de matière inanimée. Aristote est le premier à formaliser cette théorie qui ne sera fermement démentie par Louis Pasteur qu'au début des années 1860.

La seconde est formulée par Aristote sous la forme d'une échelle de la nature sur laquelle il classe les êtres selon leur niveau de perfection, les humains étant évidemment au sommet. Cette vision stratifiée du vivant dans laquelle certains organismes sont supérieurs aux autres ne résiste pas à notre compréhension actuelle de l'évolution, mais elle est encore bien présente dans nos sociétés où elle sert régulièrement d'argument à des idéologies racistes. On lui doit également le fait que beaucoup considèrent encore les animaux comme inférieurs aux humains… alors que nous sommes nous-mêmes des animaux.

Théophraste, le premier botaniste

Si Aristote s'est essentiellement intéressé aux animaux, les végétaux n'ont pas été mis de côté pour autant. Théophraste, qui fut son ami, son disciple et son successeur à la tête de l'école philosophique qu'il avait fondée, a réalisé un travail similaire sur la flore.

Première personne connue pour s'être intéressée aux plantes en elles-mêmes et les avoir étudiées au-delà de leurs utilités pour les humains, Théophraste est considéré comme le fondateur de la botanique, discipline à laquelle il consacra dix-sept livres répartis en deux ouvrages : *Histoire des plantes* et *Causes des plantes*. Il y décrit la morphologie des végétaux en comparant leurs formes, l'organisation de leurs racines, la structure de leurs feuilles, fleurs, fruits et graines, mais aussi leurs interactions avec l'environnement.

Comme Aristote, il s'appuie sur ces comparaisons pour proposer une classification des végétaux en quatre catégories : les arbres, avec un unique tronc principal, les arbrisseaux, composés de branches latérales qui se séparent dès la racine, les buissons, qui comportent plusieurs tiges verticales et latérales, et les herbes, qui présentent des feuilles dès la racine et une absence de tronc.

La zoologie et la botanique ont donc émergé simultanément quand, au IVe siècle avant notre ère, est née la biologie.

Le livre des animaux d'Al-Djâhiz

Après ce démarrage impressionnant, la discipline consistant à décrire et classer les êtres vivants, qu'on appelle la systématique, a peu évolué jusqu'au XVIIIe siècle.

On doit un des seuls travaux intermédiaires remarquables à la traduction en arabe de certains textes grecs, notamment l'œuvre d'Aristote, qui s'est ainsi retrouvée entre les mains d'Abu Uthmân al-Fukaymi al-Kinani al-Basr, dit Al-Djâhiz. Cet érudit né en 776 à Bassorah, dans l'Irak actuel, plus connu pour son œuvre littéraire que pour son travail naturaliste, a rédigé un monumental *Livre des animaux* (*Kitâb al-Hayawân*) publié en 847 et composé de sept volumes de plusieurs centaines de pages chacun.

Sa démarche est fondée sur l'observation, la réflexion logique mais aussi l'expérimentation. Il propose un système de classification différent de celui d'Aristote, utilisant comme premier critère de distinction entre les animaux leurs moyens de locomotion, distinguant ceux qui marchent, rampent, nagent et volent.

Mais la principale originalité de l'œuvre d'Al-Djâhiz est qu'il ne présente pas les êtres comme des entités fixes. Sans aller jusqu'à développer ce qu'on assimilerait aujourd'hui à une théorie de l'évolution, il décrit le monde comme un ensemble dynamique fondé sur des interactions et mentionne que l'environnement, auquel les êtres vivants s'adaptent, a des impacts sur eux. Il va jusqu'à supposer que tous les reptiles auraient une origine aquatique et distingue dans son travail ce qui relève d'un individu, mis dans des conditions spécifiques, de ce qui concerne l'ensemble d'une espèce.

Même si Al-Djâhiz était très loin de nier l'importance des influences divines, cette conception d'une nature dynamique, avec des influences environnementales, est novatrice et ne réapparaîtra pas de façon aussi forte avant plusieurs siècles. Les choses auraient peut-être été différentes si le *Livre des animaux* avait été traduit dans une langue latine, le rendant accessible aux savants européens, mais ça n'a pas été le cas.

Dans les siècles suivants les classifications naturalistes sont régulièrement utilisées mais assez peu modifiées. Quelques systèmes de catégorisation alternatifs sont proposés, notamment, au XVIIe siècle, en utilisant l'ordre alphabétique, mais aucun ne s'impose. Les travaux antiques restent la référence et le système de pensée sur lequel ils s'appuient perdure : celui d'un ensemble d'espèces fixes placées sur Terre par une volonté divine et n'ayant pas la même valeur.

Choisir les boîtes

Après des siècles de *statu quo*, le médecin et naturaliste suédois Carl von Linné donne un premier coup de pied dans la fourmilière. Né en 1707 et passionné de botanique, il commence par élaborer une nouvelle méthode de classification des plantes basée sur l'organisation de leurs organes reproducteurs. Étant convaincu de l'importance de nommer correctement les choses, il poursuit son œuvre en passant plus de trente ans à décrire et répertorier plusieurs milliers d'espèces animales et végétales.

Pour s'y retrouver, il met en place une méthode de dénomination plus rigoureuse que toutes les précédentes. Dans son *Système de la nature*, chaque espèce est désignée par deux mots latins, écrits en italique. Le premier commence par une majuscule et désigne le genre auquel appartient l'espèce considérée, le second commence par une minuscule et désigne l'espèce elle-même. Des espèces manifestement proches sont considérées comme appartenant au même genre. Par exemple, dans le genre *Panthera* on peut aujourd'hui trouver les espèces *Panthera leo* (le lion), *Panthera pardus* (le léopard), *Panthera tigris* (le tigre) ou *Panthera onca* (le jaguar).

Eh oui, ce système de dénomination, baptisé nomenclature binomiale, est encore utilisé de nos jours pour identifier les êtres vivants ! Il a l'énorme avantage de permettre aux personnes intéressées d'être sûres de parler de la même entité, ce qui n'était pas le cas auparavant car un même animal ou une même plante peuvent avoir des noms d'usage différents dans différentes parties du monde.

Mais l'héritage de Linné ne s'arrête pas là. Sa classification utilisait beaucoup plus de boîtes, contenues les unes dans les autres comme des poupées russes. Il proposait d'identifier chaque animal comme appartenant à une espèce, chaque groupe d'espèces ressemblantes comme faisant partie d'un même genre, chaque groupe de genres proches comme formant une même famille, ces dernières étant elles-mêmes regroupées dans des ordres, lesquels étaient rassemblés dans des classes, finalement réunies dans des règnes.

Autrement dit, de la boîte la plus grande à la boîte la plus petite, il rangeait chaque être vivant dans un règne, puis une classe, puis un ordre, puis une famille, puis un genre, puis une espèce. Et éventuellement dans une boîte encore plus petite : celle des « variétés » observables au sein d'une même espèce.

Cela fait beaucoup de boîtes imbriquées les unes dans les autres, qui portent le nom officiel de rangs taxonomiques. Mais le vivant étant compliqué à décrire, les scientifiques ne se sont pas contentés de garder toutes les boîtes proposées par Linné, ils en ont ajouté d'autres. À commencer par les « embranchements », proposés par Georges Cuvier au début du XIXe siècle et qui sont venus s'intercaler entre les règnes et les classes. La structure règne/embranchement/classe/ordre/famille/genre/espèce a tenu bon depuis, mais, pour s'adapter aussi finement que possible aux progrès des connaissances, les chercheurs font régulièrement appel à des subdivisions comme les infrarègnes, les super-embranchements ou les sous-classes, qui possèdent elles-mêmes leur propre nomenclature pour savoir quelle boîte englobe les autres.

Ainsi, malgré sa complexité croissante, notre système de classification du vivant repose en grande partie sur celui élaboré par Linné au XVIIIe siècle. Pourtant son travail se plaçait toujours dans une optique religieuse selon laquelle les espèces actuelles avaient été créées en l'état par une entité divine. Et les trois règnes dans lesquels il regroupait l'ensemble des êtres naturels correspondaient aux animaux, aux végétaux… et aux minéraux.

Critiquer Linné pour ces positions serait anachronique et la robustesse de son système de classification est d'autant plus remarquable que notre vision du vivant a, depuis, beaucoup évolué. On peut y voir une illustration de la résilience des biologistes face aux chamboulements de leur domaine d'étude…

Premiers frémissements évolutionnistes

Le passage d'une vision des espèces figées et installées sur Terre par un dieu à une conception dynamique du monde ne s'est pas fait du jour au lendemain. Les réflexions d'Al-Djâhiz n'ayant pas atteint les naturalistes européens, on peut considérer qu'un des premiers à avoir évoqué des idées nouvelles est le Français George-Louis Leclerc, comte de Buffon. Né la même année que Linné, il a dirigé ce qui allait devenir le Jardin des Plantes de Paris et a travaillé pendant une cinquantaine d'années sur sa collection encyclopédique *Histoire naturelle, générale et particulière*, constituée de quarante-quatre livres dont huit publiés *post-mortem*.

Contrairement à ses prédécesseurs, il exprime un certain scepticisme vis-à-vis de la notion même de classification. Il est pourtant un des premiers à formuler une définition de la notion d'espèce proche de celle qu'on utilise aujourd'hui, à savoir qu'une espèce est un groupe d'individus qui se ressemblent et peuvent avoir une descendance fertile. Il a d'ailleurs réalisé des croisements pour déterminer si des animaux proches (comme le chien et le loup) appartiennent ou non à la même espèce. Il commence ainsi à lier généalogie et classification du vivant.

Tout en étant créationniste[6], il prend en compte l'influence de l'environnement sur les animaux en formulant l'hypothèse de la dégénération selon laquelle, à partir d'une même espèce originelle due à une entité divine, des individus ont pu dégénérer pour donner la diversité observée aujourd'hui. Il évoque ainsi l'idée de l'existence d'ancêtres communs partagés par les animaux qui se ressemblent.

Ces hypothèses nécessitent un temps assez long pour permettre aux variations d'apparaître, ce qui n'était pas compatible avec l'âge de la Terre de 6 000 ans, donné par la Bible. Mais Buffon avait réalisé des expériences de refroidissement de boulets de canon préalablement chauffés qui l'avaient amené à conclure que la Terre avait plutôt 75 000 ans (voire plus, d'après des manuscrits non publiés)[7]. Cette longue durée depuis l'apparition des espèces créées par Dieu lui a permis, après avoir observé des ressemblances entre les animaux d'Amérique et d'Afrique, de supposer qu'il s'agissait de dégénérations d'espèces uniques qui auraient été séparées en deux groupes distincts par l'apparition de l'océan Atlantique… bien avant que ne soit formulée la théorie de la dérive des continents.

Bien que fervent créationniste, Buffon a ainsi émis plusieurs hypothèses révolutionnaires pour son époque, liant hérédité et organisation du vivant sans pour autant supposer l'existence d'une sélection naturelle.

On peut aussi lui attribuer la description d'un schéma, qu'il ne dessinera pas directement, mais qui est aujourd'hui un des classiques des représentations du vivant : le positionnement des différentes espèces sur un arbre.

Des espèces, une origine

En 1809, soit vingt et un ans après la mort de Buffon, un autre Français, Jean-Baptiste de Lamarck, expose dans son ouvrage *Philosophie zoologique* des idées qui marqueront ses contemporains et l'histoire des sciences.

Cherchant à comprendre ce qui distingue les êtres vivants de la matière inanimée, il est un des premiers à utiliser le terme de « biologie » et finit par formuler ce qui est considéré comme la première théorie globale de l'évolution : la théorie du transformisme. D'après lui les espèces ne sont pas figées dans un état identique depuis leur création par une entité divine, elles évoluent au contraire et se transforment progressivement au fil du temps (sans forcément exclure que l'origine des toutes premières espèces soit d'ordre divin).

C'est un saut conceptuel important dans la façon de penser le monde vivant car cela implique et souligne l'existence de relations de parenté entre les espèces.

Cependant, pour Lamarck, les origines des espèces actuelles sont multiples car elles seraient issues de différents épisodes de génération spontanée d'organismes simples qui se seraient complexifiés au fil du temps. Il considère cette complexification progressive comme le moteur de la transformation des êtres vivants, donnant lieu à des modifications induites par le milieu dans lequel ils évoluent et pouvant être transmises à leur descendance.

Cinquante ans plus tard, motivé par la lecture d'un article d'Alfred Wallace qui décrivait des idées similaires aux siennes, un certain Charles Darwin se décide à publier en 1859 le fruit d'une trentaine d'années de réflexion, un livre intitulé *De l'origine des espèces au moyen de la sélection naturelle*, généralement abrégé en *L'origine des espèces.*

Comme Lamarck, il y décrit des espèces qui évoluent au cours du temps, indépendamment d'une quelconque influence divine. Mais il va plus loin. Par analogie avec la façon dont les humains ont sélectionné certains caractères apparus par hasard chez les espèces qu'ils élèvent ou cultivent, il suppose que l'ensemble des êtres vivants présentent des transformations aléatoires qui sont plus ou moins avantageuses pour leur reproduction et leur survie. Les moins adaptés à leur environnement meurent alors que les plus adaptés se maintiennent dans une compétition que Darwin appelle la sélection naturelle. L'évolution n'est donc plus l'histoire d'une complexification permanente mais la conséquence de changements aléatoires et héréditaires qui influencent les chances de reproduction de leurs propriétaires.

Darwin ajoute à cela une hypothèse forte, en contradiction totale avec Lamarck et s'appuyant notamment sur le désaveu en cours de la théorie de la génération spontanée : la vie ne serait apparue sur Terre qu'une seule fois. Autrement dit : tous les êtres vivants actuels auraient progressivement évolué à partir d'un seul et unique ancêtre commun.

C'est ce point précis qui a fait basculer la systématique. Jusqu'alors les naturalistes classaient le vivant de façon descriptive ou utilitaire, sans forcément considérer qu'il existait une seule bonne classification. Mais si tous les êtres ont une origine commune, il devient envisageable de les classer en fonction de leurs liens de parenté. Ce sera le nouvel objectif des biologistes :

produire un arbre du vivant qui représente son histoire évolutive.

Planter l'arbre du vivant

Heureusement, envisager de classer les êtres vivants en fonction de leur degré de parenté ne nécessitait pas d'écarter toutes les classifications établies en se basant sur les ressemblances entre espèces. Au contraire : il se trouve qu'en général, plus des espèces se ressemblent, plus elles sont proches sur le plan évolutif. Passer de la systématique, discipline consistant à classer les êtres vivants, à la phylogénie, c'est-à-dire l'étude des relations de parenté entre les êtres vivants, demandait surtout d'adapter le mode de raisonnement et les outils utilisés par les scientifiques.

Aux comparaisons anatomiques, le naturaliste allemand Ernst Haeckel eut l'idée d'ajouter l'embryologie. En effet, les scientifiques avaient depuis longtemps remarqué que certains animaux qui se ressemblaient assez peu à l'âge adulte passaient, au cours de leur développement embryonnaire, par des stades où ils étaient au contraire très similaires. Dans un ouvrage publié en 1866, Haeckel a ainsi supposé que, selon sa formule, « l'ontogenèse récapitule la phylogenèse ». C'est-à-dire que les étapes du développement d'un embryon reprennent celles de l'évolution de l'organisme correspondant.

On sait aujourd'hui que cette vision des choses est simpliste, voire fausse. Mais l'embryologie fournit tout de même des informations qui peuvent permettre d'estimer le degré de parenté de différentes espèces.

Il faudra attendre 1950 pour que Willi Hennig, un entomologiste allemand, propose une méthodologie permettant d'évaluer la proximité évolutive d'êtres vivants en fonction de leur ressemblance. Et seize ans de plus pour que son ouvrage *Systématique phylogénétique* soit traduit et finisse par attirer l'attention de ses pairs.

Son raisonnement repose sur le fait que, quand une innovation apparaît chez un individu, elle est transmise à tous ses descendants. Ou, si on remonte le temps, toutes les espèces qui partagent une innovation l'ont héritée d'un ancêtre commun. Partant de là, Hennig propose de baser les classifications sur la comparaison des innovations partagées par les espèces.

Si on essaie par exemple de reconstituer l'histoire évolutive qui lie les souris, les crapauds et les limaces, on constate que les souris et les crapauds ont une colonne vertébrale, qui est une nouveauté évolutive. Ils sont donc plus proches entre eux qu'ils ne le sont des limaces et partagent un ancêtre commun qui avait une colonne vertébrale. En revanche les souris se reproduisent de façon vivipare et ont un placenta, que ne produisent pas les crapauds. L'ancêtre commun entre les souris et les crapauds n'avait donc pas de placenta, cette innovation est apparue plus tard sur la branche de l'arbre du vivant à laquelle appartiennent les souris.

Cette méthode de classification fonctionne bien et elle est toujours utilisée. Pour l'appliquer, la principale difficulté est de savoir quelles caractéristiques sont des innovations. Est-ce que la colonne vertébrale est présente depuis le départ et a été perdue par certains organismes, ou est-ce qu'elle est apparue à un moment donné ? Les comparaisons anatomiques, notamment avec des fossiles, et l'embryologie peuvent aider à répondre à ce type de questions dont la réponse n'est pas toujours évidente.

Une autre limite de cette méthode est qu'on ne peut jamais être sûr et certain d'avoir reconstitué la bonne histoire. Peut-être que la colonne vertébrale est apparue plusieurs fois de façon indépendante au cours de l'évolution des animaux ? Par défaut les chercheurs considèrent l'histoire la plus simple, celle qui nécessite d'ajouter le moins d'événements, comme la plus probable. Ils utilisent ainsi ce qu'on appelle le principe de parcimonie.

Après des siècles passés à tenter de retrouver la façon dont une entité divine avait conçu des espèces fondamentalement différentes et à la complexité croissante, cela ne fait finalement que quelques décennies que nous avons compris que l'immense diversité du monde vivant est en fait due à la sélection de caractéristiques apparues aléatoirement au fil du temps. C'est une leçon d'humilité pour nous en tant qu'humains, car cela signifie que nous sommes le fruit du hasard et non d'une recherche de perfection, mais aussi en tant qu'entités qui cherchent à comprendre le monde qui les entoure.

Car l'histoire de la nature n'est pas une narration épurée et efficace. C'est une épopée chaotique. Et si on sait désormais qu'il existe un scénario unique que le vivant a effectivement suivi, on a également conscience qu'on ne le reconstituera sans doute jamais avec exactitude. Mais peu importe : s'en approcher permet déjà de faire de nombreuses découvertes !

La révolution génétique

La classification du vivant a fait un énorme bond en avant pendant la seconde moitié du XXe siècle, grâce à l'avènement d'un nouveau domaine de la biologie : la génétique. On date généralement son lancement à l'année 1865, au cours de laquelle le moine Gregor Mendel présenta les résultats d'expériences de croisements de pois montrant une transmission de caractéristiques d'une génération à l'autre avec une certaine régularité statistique. Ses travaux et leur interprétation supposant l'existence d'éléments héritables sont pourtant restés dans l'ombre jusqu'en 1900 et les découvertes se sont ensuite enchaînées rapidement.

Il a été montré que ces éléments transmissibles, baptisés gènes par le botaniste danois Wilhem Johannsen en 1909, sont physiquement situés sur des structures appelées chromosomes et plus précisément sur un type de molécules spécifiques : les acides nucléiques. Il en existe deux sortes, l'ADN et l'ARN, qui se ressemblent beaucoup. À l'exception de certains virus, l'ADN est le support de l'information génétique de toutes les entités biologiques. Sa structure a été identifiée en 1953, permettant de comprendre la façon dont il stocke et transmet de l'information sous la forme d'une séquence qui correspond à l'enchaînement de quatre types de minuscules briques moléculaires liées les unes aux autres, les caractères de l'alphabet du vivant.

Initialement chères et longues, des techniques de déchiffrage de l'information contenue sur une molécule d'ADN ont été mises au point dès les années 1970. Leur coût et leur pénibilité n'ont cessé de diminuer depuis. Séquencer le génome humain pour la première fois, au début des années 2000, a demandé environ 500 millions d'euros d'investissement et plusieurs années de travail[8]. Aujourd'hui la même quantité d'information peut être récupérée en une journée et pour moins de 1 000 euros !

Ce développement technologique, associé aux progrès informatiques permettant de stocker et de traiter de grandes quantités de données, a conduit à séquencer, de façon totale ou partielle, les génomes d'un nombre croissant d'organismes. En quelques années nous avons ainsi massivement obtenu un nouveau type d'informations qui permet d'évaluer les liens de parenté entre êtres vivants : globalement, plus des espèces sont proches, plus leurs gènes se ressemblent.

Ces données génétiques présentent plusieurs avantages par rapport aux comparaisons anatomiques. Pour commencer, elles sont moins subjectives : il ne s'agit plus de déterminer visuellement à quel point se ressemblent des organes d'espèces différentes, mais de comparer des séquences d'ADN, comme on comparerait deux versions d'un même texte. Cela permet d'ailleurs d'automatiser beaucoup plus facilement les analyses. Un autre avantage remarquable est que, contrairement aux organes, certains gènes sont présents chez l'ensemble des êtres vivants ou presque. En les comparant on peut donc essayer de construire d'un seul coup des arbres de parenté de l'ensemble des espèces. Une idée aussi ambitieuse que révolutionnaire lorsqu'elle a été proposée pour la première fois par Carl Woese.

Petits êtres, gros changements

Malgré leur diversité, toutes les classifications du vivant que j'ai évoquées jusqu'ici ont un point commun : elles séparaient le monde entre animaux et végétaux. C'est logique, car la majorité des représentants de ces deux catégories ont le net avantage d'être visibles à l'œil nu ; mais on sait aujourd'hui qu'ils ne représentent qu'une minorité des êtres vivants de notre planète, que ce soit en matière d'effectif ou de diversité.

La vie autour de nous est en grande partie microscopique et nous en avons connaissance depuis plusieurs siècles car les premières observations de microorganismes sont aussi anciennes que les premiers microscopes, qui datent des années 1660. Une fois dotés de ces outils, les scientifiques ont fait une découverte étonnante, définitivement établie et formulée par

Théodore Schwann en 1839 : tous les êtres vivants sont composés du même type de briques élémentaires. Il s'agit de sortes de bulles d'eau contenant de nombreux éléments, qui sont délimitées par une couche de gras et qu'on appelle des cellules. Certains organismes en contiennent des milliers de milliards alors que d'autres ne sont composés que d'une seule et unique cellule, on les qualifie d'unicellulaires.

La comparaison morphologique d'organismes aussi petits, ne mesurant même pas un millimètre (voire un millième de millimètre), a suivi les progrès des techniques d'imagerie. C'est ainsi que dès la seconde moitié du XIXe siècle, plusieurs scientifiques dont Ernst Haeckel remarquent que certains organismes unicellulaires contiennent une structure interne, le noyau, qu'on ne retrouve pas chez les autres. Or les cellules des êtres vivants pluricellulaires, composés de plusieurs cellules, contiennent également des noyaux. Il est donc finalement proposé de séparer le monde vivant en deux catégories : les eucaryotes, dont les cellules contiennent des noyaux, et les procaryotes, tous unicellulaires, qui n'en contiennent pas.

Cette distinction a été formalisée au début des années 1960 par Roger Stanier et Cornelis Van Niel dans leur ouvrage *Le concept de bactérie* qui, comme son nom l'indique, proposait de définir ce que sont les bactéries : des organismes unicellulaires procaryotes. Impossible cependant de les placer sur un arbre du vivant avec les moyens de l'époque… Même si on commençait à observer des différences morphologiques, personne ne savait lesquelles correspondaient à des innovations évolutives ! On manquait de points de comparaison.

Mais ces organismes minuscules avaient déjà commencé à ébranler les classifications en vigueur. Parce qu'on savait bien qu'il faudrait leur trouver une place, même s'il restait à déterminer laquelle. Et parce que leur façon de transmettre leur information génétique chamboulait tous les raisonnements faits jusque-là.

Tout d'abord les espèces sont définies comme des groupes d'individus capables de se reproduire entre eux pour donner une descendance fertile. Or les bactéries ne se reproduisent globalement pas de façon sexuée, elles se divisent simplement en deux cellules identiques qui deviennent deux individus indépendants. Autrement dit elles ne se croisent pas, elles se clonent. Il a donc fallu trouver une nouvelle façon de définir la notion d'espèce pour ces organismes, en s'appuyant sur leur degré de similitude, notamment génétique, plutôt que sur l'éventuelle fertilité de leurs descendants.

Par ailleurs les bactéries sont capables d'échanger des morceaux d'ADN, mais cela n'a rien à voir avec la façon dont nous transmettons nos gènes à nos descendants. Dans leur cas, ces échanges ne se font pas au moment où une cellule mère se divise en deux cellules filles, ils ont lieu indépendamment de la reproduction. Un phénomène fascinant, dont on aura l'occasion de reparler au chapitre 3 ! On l'a depuis également observé chez des êtres composés de plusieurs cellules, mais il est difficilement compatible avec l'idée de représenter l'évolution des espèces sous la forme d'un arbre aux branches verticales. Il faudrait imaginer des branches horizontales reliant entre elles les branches verticales, ce qui donne à l'ensemble un aspect beaucoup plus buissonnant et difficile à suivre.

Il a fallu combiner les outils de la génétique et le regard extérieur d'un biophysicien pour débloquer la situation des unicellulaires procaryotes. Au début des années 1960, moins de dix ans après la découverte de la structure de l'ADN, l'Américain Carl Woese a commencé à étudier l'expression des gènes. De façon intéressante, les étapes clés de ce processus sont les mêmes pour une bactérie, une mouche ou un saule pleureur[9].

L'information portée par l'ADN est recopiée sur une molécule intermédiaire proche, un ARN qu'on qualifie de messager. Cet ARN messager est ensuite pris en charge par un ribosome, une machinerie qui permet de lire et de traduire les données qu'il porte pour fabriquer la protéine correspondante. Chez tous les êtres vivants, les langages de l'ADN et de l'ARN sont les mêmes, le code qui permet de les décrypter pour les traduire en protéines est identique, et la structure des ribosomes, qui sont eux-mêmes composés d'ARN et de protéines, est extrêmement proche. Ainsi, quelles que soient les différences morphologiques entre les êtres vivants, tous possèdent des ribosomes qui contiennent des ARN très similaires.

Or dans les années 1970, il est devenu possible de récupérer puis de comparer les informations contenues dans l'ADN, l'ARN et les protéines. L'idée géniale de Carl Woese a été de s'intéresser à un des ARN retrouvés dans les ribosomes de tous les êtres vivants et d'en comparer les compositions entre des espèces différentes pour finalement réaliser le tout premier arbre universel de la vie.

Avec les outils accessibles au début des années 1970, cela représentait un travail titanesque : la récupération des informations pour un seul organisme prenait entre trois et quatre semaines. Et même si plusieurs d'entre eux étaient étudiés simultanément, le succès de ce projet de recherche n'est pas dû qu'à Carl Woese, qui l'a lancé et supervisé. Il découle, comme souvent, des efforts sur plusieurs années de toute une équipe et de nombreux collaborateurs.

Le premier apport de ce travail a été de permettre d'établir une classification phylogénétique des bactéries fondée sur leur proximité génétique, bien plus robuste que ce qui avait été proposé à partir d'observations morphologiques.

La seconde découverte faite par l'équipe de Carl Woese a été beaucoup plus difficile à accepter pour une partie de ses contemporains : le vivant n'est pas divisé entre les procaryotes d'un côté et les eucaryotes de l'autre. Il existe en fait deux types de procaryotes qui sont au moins aussi différents l'un de l'autre qu'ils sont différents des eucaryotes.

Pour les distinguer des bactéries, le deuxième type de procaryotes a initialement été baptisé archéobactéries[10]. Puis, pour souligner qu'ils sont vraiment très différents des bactéries, « archées » tout court. Une nouvelle boîte a ainsi été ajoutée au-dessus des existantes (espèce, genre, famille, ordre, classe, embranchement et règne) : les domaines du vivant. On pense aujourd'hui qu'il en existe trois : les bactéries, les archées et les eucaryotes. Et ce dernier domaine contient à lui seul tous les organismes mentionnés dans la majorité des classifications évoquées dans ce chapitre !

Aujourd'hui encore, on ne pense pas avoir identifié la structure exacte de l'arbre du vivant. Carl Woese avait basé le sien sur la séquence d'ARN des ribosomes, mais si on utilise d'autres séquences on peut obtenir des résultats différents, notamment parce que les transferts horizontaux de gènes compliquent les analyses. Les spécialistes questionnent même la pertinence de la forme générale de l'arbre comme structure de base de la représentation du vivant. Autant dire que la quête entamée par Aristote est loin d'être achevée !

Et les virus, dans tout ça ?

Ce résumé de l'histoire de l'observation et de la classification du vivant par les biologistes montre que ceux-ci sont particulièrement doués pour adapter leurs anciennes catégories à leurs nouvelles connaissances.

C'est peut-être lié au fait que la biologie est une science récente, qui ne s'est réellement développée qu'à partir de la seconde moitié du XXe siècle. Si notre compréhension du monde vivant progresse, nous avons conscience d'être encore assez loin d'avoir une vision d'ensemble. Il est trop tôt pour envisager de proposer des boîtes absolues dans lesquelles ranger la nature, si tant est que de telles boîtes existent. Pour l'instant celles que nous utilisons ne sont que des outils et elles varient d'une discipline à l'autre : les scientifiques qui essayent de retracer la généalogie des espèces n'utilisent pas les mêmes que ceux qui cherchent à comprendre les interactions dans un écosystème.

Il nous reste tellement à apprendre que certains domaines de la biologie viennent encore régulièrement titiller les concepts fondamentaux de cette science. La virologie est l'un d'entre eux.

On considère généralement que tout énoncé scientifique permettant d'expliquer des observations n'est vrai que « jusqu'à preuve du contraire »… et les virus sont souvent des preuves du contraire qui nous obligent à réfléchir autrement.

Ainsi, je vous expliquais il y a quelques pages à peine que tous les êtres vivants sont composés de cellules, mais ce n'est pas le cas des virus.

Je vous ai dit que toutes les entités biologiques présentes sur notre planète ont un génome constitué d'ADN, à l'exception de certains virus.

Je vous ai raconté que Carl Woese a choisi un ARN présent dans les ribosomes de tous les êtres vivants pour construire le premier arbre universel de la vie, mais les virus n'ont pas de ribosomes. Il y a quelques années, je vous aurais précisé qu'aucun virus ne contient de quoi fabriquer ne serait-ce qu'une partie de ribosome, mais cette certitude a elle aussi été ébranlée récemment… Même si les gènes des virus sont globalement très différents de ceux des autres organismes.

Tout ça fait que les virus sont pour l'instant absents des classifications du vivant, et pour cause : on ne sait pas s'il faut les considérer comme des êtres vivants. D'une part parce qu'il n'est pas évident de définir ce qu'est un virus : ce sont des champions de l'esprit de contradiction qui vont jusqu'à présenter des contre-exemples à plusieurs des éléments censés les caractériser. Et d'autre part parce que les biologistes n'ont pas de définition consensuelle du vivant !

Une des propositions classiques est de considérer comme vivante toute entité capable de se reproduire et d'interagir avec son milieu, pour y récupérer ou émettre de la matière, de l'énergie ou des informations. Mais une application stricte de cette définition revient à considérer tous les êtres stériles, incapables de se reproduire, comme non vivants. Ce qui est clairement erroné. Et si l'on supprime la notion de reproduction de cette définition, on doit alors inclure des objets inanimés comme le feu, les cristaux ou les volcans.

Le critère le plus fréquemment évoqué pour considérer les virus comme n'appartenant pas au monde vivant est le fait qu'ils ne sont pas capables de se multiplier seuls, qu'il faut pour cela qu'ils profitent d'une cellule initialement indépendante. Mais c'est également le cas des spermatozoïdes, des grains de pollen et globalement de toutes les cellules reproductrices (ou gamètes) des organismes ayant une reproduction sexuée, ce qui n'empêche pas de les considérer comme vivantes.

Est-ce un problème pour les biologistes de ne pas pouvoir définir convenablement ce qui constitue pourtant leur objet d'étude ? Force est de constater que non. Après tout, la catégorisation vivant/inerte n'est qu'un autre lot de boîtes dans lequel nous essayons de faire rentrer le monde et rien ne dit qu'il soit pertinent au point que toute structure corresponde forcément à l'une ou à l'autre. Sans compter que notre connaissance du vivant est extrêmement limitée par le fait que tous les êtres que nous connaissons cohabitent sur une seule et unique planète. Peut-être avons-nous sous les yeux l'intégralité du monde vivant, mais peut-être n'en observons-nous qu'un infime échantillon, à partir duquel il serait bien présomptueux d'espérer déduire une définition universelle.

Les virus nous invitent ainsi sans cesse à remettre notre vision du monde en perspective, nous nourrissant d'observations nouvelles qui ébranlent nos certitudes. C'est parfois inconfortable, mais toujours excitant, car sortir de notre zone de confort intellectuel reste la meilleure façon de faire des découvertes, de continuer à apprendre et à réfléchir.

Alors chères lectrices, chers lecteurs, bienvenue dans le monde des virus !

CHAPITRE 2

Lever le voile sur les virus

Pour commencer notre excursion, je vous propose de suivre un guide prestigieux : le virus de la mosaïque du tabac, ou VMT. Si nous l'observions de près, nous pourrions admirer de fins bâtonnets de 300 nanomètres de long (soit 300 millionièmes de millimètre) pour 18 nanomètres de diamètre[1]. Un aspect bien modeste pour une entité qui a été à l'origine de nombreuses « premières » dans le domaine de la virologie. Préparez-vous, même si je ne vais pas tout vous raconter, son histoire est riche !

La première identification d'un virus

Le VMT a initialement attiré l'attention des biologistes car il rendait malades des plants de tabac, au cœur d'une industrie au poids économique considérable dans un certain nombre de pays. On pense aujourd'hui qu'il est apparu en Amérique du Sud au début du XIXe siècle avant de rapidement atteindre l'Europe à la faveur des exportations. C'est un virus particulièrement résistant, capable de persister plusieurs années dans le sol et très contagieux : un contact direct avec des outils ou des plants contaminés suffit à le transmettre. On le retrouve aujourd'hui partout où l'on cultive du tabac, mais il est également capable d'infecter d'autres plantes de la famille des Solanacées comme la tomate ou le poivron.

Une nouvelle maladie

En 1886, le chimiste et agronome allemand Adolf Mayer décrit pour la première fois une maladie qu'il a observée sur des plants de tabac en Hollande. Leurs feuilles présentent dans un premier temps des marbrures anormales de vert clair et de vert foncé et finissent par être trop déformées pour servir à la fabrication de cigarettes. La croissance des plantes est également ralentie, ce qui rend la maladie encore plus problématique pour les producteurs et pousse certains d'entre eux à stopper la production sur les parcelles contaminées. Mayer propose d'appeler cette nouvelle maladie la mosaïque du tabac.

Dans le même article, il cherche à en trouver la cause. Il teste et écarte plusieurs hypothèses : la maladie n'est due ni à des carences ni aux conditions de culture des plants avant leur mise en pleine terre, pas plus qu'à l'origine ou à la variété des semis utilisés. En revanche elle réapparaît toujours sur les mêmes parcelles, suggérant le rôle de parasites présents dans le sol. L'agronome compare les vers récoltés sur les parcelles et cherche des traces de champignons ou d'autres agents infectieux dans les feuilles contaminées, sans succès.

Ces tentatives ratées d'identifier l'origine de la mosaïque du tabac sont assez éloignées du contenu habituel des articles scientifiques, qui présentent plutôt les expériences qui ont fonctionné. Mais ce sont quand même des données importantes qui permettent de réduire le champ des possibles, et cela explique que Mayer ait pris la peine de les détailler[2] avant d'arriver à sa découverte principale : le jus des plantes malades, obtenu par broyage, est contaminant.

Quand il en met au contact de plantes saines, celles-ci développent des symptômes au bout d'une dizaine de jours. Pour identifier ce qui, dans le broyat de feuilles contaminées, rend les plantes malades, Mayer réalise différentes expériences. Il constate que des filtrations légères à travers des filtres en papier permettent de récupérer un liquide toujours infectieux, alors que des doubles filtrations, qui donnent un liquide sans impureté, stoppent la contamination. Cela le conduit à écarter l'hypothèse d'une maladie causée par une molécule unique, qui n'aurait pas pu être éliminée par filtration, ou par un champignon, qui aurait été retenu par une filtration simple.

Il teste également la résistance de son liquide infectieux à des températures croissantes. Après plusieurs heures à 60 °C celui-ci reste toujours aussi contagieux, mais à 65-75 °C, il perd en efficacité, et à 80 °C il n'est plus contaminant du tout. Mayer considère ce comportement comme typique des agents biologiques et, par élimination, conclut finalement que la maladie de la mosaïque du tabac est causée par une bactérie encore inconnue.

Mayer est ainsi le premier à s'intéresser à l'étude de la mosaïque du tabac, mais ses recherches ne l'amènent pas à envisager l'existence d'un nouvel agent infectieux.

Naissance de la virologie

Ce travail méthodique est complété quelques années plus tard par le botaniste russe Dmitri Ivanovski. En 1890 celui-ci publie un article, qui sera présenté en 1892 à l'Académie des sciences de Saint-Pétersbourg, dans lequel il partage ses observations sur la maladie de la mosaïque du tabac qu'il a étudiée en Crimée.

S'appuyant sur les résultats de Mayer, Ivanovski affine la description de la maladie et présente surtout de nouvelles données concernant les capacités infectieuses de la sève des plantes contaminées. Il reproduit les expériences de filtrations déjà réalisées par son collègue mais n'obtient pas les mêmes résultats : le liquide qu'il récupère après double filtration de la sève contaminée est toujours capable de transmettre la maladie. Considérant que cette technique expérimentale ne bloque de toute façon pas complètement les bactéries, il teste un autre procédé : le filtre Chamberland.

Cet outil a été mis au point en 1884 par Charles Chamberland. Ce collaborateur de Louis Pasteur[3] a travaillé sur plusieurs procédés de stérilisation des milieux de culture. Le filtre Chamberland est une structure en porcelaine poreuse dont il existe différents modèles plus ou moins filtrants, certains étant considérés comme capables d'éliminer toutes les bactéries présentes dans un liquide. Dès son invention il s'est répandu dans les laboratoires de recherche et au-delà, permettant notamment de lutter contre la propagation de la fièvre typhoïde à Paris.

Mais c'est en Russie, entre les mains d'Ivanovski, que ce filtre va donner naissance à la virologie.

En effet, quand Ivanovski l'utilise pour purifier la sève de plants souffrant de la mosaïque du tabac, il remarque que le liquide récupéré reste contagieux et que, même conservé pendant plusieurs mois au laboratoire, il ne présente aucune trace de développement bactérien.

À la lumière de ces observations, ne restaient pour Ivanovski que deux hypothèses susceptibles d'expliquer l'origine de la mosaïque du tabac : une toxine, pas du tout gênée par le filtre de Chamberland mais détruite par la chaleur… ou un agent microscopique capable de traverser le filtre de Chamberland mais pas de se développer dans de la sève filtrée. Une bactérie aurait pourtant dû avoir le comportement inverse :

être bloquée par le filtre mais pouvoir proliférer dans la sève.

Malgré l'observation de ces caractéristiques surprenantes, Ivanovski reste prudent vis-à-vis de ses résultats, très préliminaires. Il n'envisage pas l'existence d'un nouveau type d'agent infectieux et laisse la question ouverte en appelant à réaliser d'autres recherches sur le sujet.

Il faudra encore attendre quelques années pour qu'en 1898 Martinus Beijerinck, un botaniste et microbiologiste hollandais qui avait travaillé avec Mayer au début des années 1880, admette avoir affaire à quelque chose d'inhabituel.

Sans avoir connaissance des travaux d'Ivanovski, Beijerinck fait également passer la sève de plantes contaminées à travers des filtres de Chamberland et confirme que le liquide ainsi obtenu est infectieux. Mais il va plus loin et observe qu'une seule petite goutte suffit à contaminer une nouvelle plante, qui produit alors elle-même de quoi en infecter de nombreuses autres : preuve qu'une fois à l'intérieur d'un végétal, l'entité à l'origine de la mosaïque du tabac se multiplie. Ce n'est donc pas une toxine mais bel et bien un agent contagieux et vivant.

C'est sans aucune mise en contexte que Beijerinck utilise le mot « virus » pour désigner ce qui rend les plants de tabac malades. Ce terme issu du latin signifiant « poison » avait déjà servi à nommer l'ensemble des entités microscopiques capables de se reproduire et d'induire des maladies. Le médecin français Jean

Hameau a notamment rédigé en 1836 et publié en 1847 une *Étude sur les virus*, plusieurs décennies avant que la recherche en microbiologie ne commence à se développer. Mais lorsque Beijerinck désigne l'agent responsable de la mosaïque du tabac sous le nom de virus en 1898, c'est la première fois que ce terme est employé spécifiquement à propos de ce qu'on considère aujourd'hui comme un virus !

La suite de l'article de Beijerinck est consacrée à caractériser aussi finement que possible cette mystérieuse entité. Le botaniste emploie notamment une technique de séparation par diffusion à travers un gel d'agar, semblable à de la gélatine assez dense et qui bloque totalement les bactéries, pour démontrer que ce qu'il étudie en est radicalement différent. Mais les moyens de l'époque ne permettent pas encore d'observer ce qu'on peut désormais désigner sous le nom de virus de la mosaïque du tabac. La vision qu'en a Beijerinck est en fait assez éloignée de nos connaissances actuelles. Il considère notamment que les virus ne sont pas des structures corpusculaires mais des fluides. Il est cependant le premier à affirmer clairement qu'il s'agit d'un nouveau type d'agent infectieux aux propriétés spécifiques et, clairvoyant, suppose que de nombreuses maladies aux causes inconnues pourraient être dues à des virus…

Douze ans ont ainsi suffi pour passer de la description de la mosaïque du tabac et de son caractère infectieux par Mayer à l'affirmation par Beijerinck que cette maladie est causée par autre chose qu'une bactérie. Grâce à leurs travaux et à ceux d'Ivanovski, on savait que les virus étaient assez petits pour traverser des filtres très resserrés et certains gels, sensibles à des températures élevées et capables de proliférer une fois à l'intérieur d'un organisme mais pas après en avoir été séparés. À l'orée du xxe siècle, la virologie faisait ses premiers pas.

Avancer à l'aveugle

Toujours en 1898, les microbiologistes allemands Friedrich Loeffler et Paul Frosch publient les résultats de leurs travaux sur la fièvre aphteuse. Un an plus tôt, ils avaient commencé à étudier cette maladie dans le cadre d'une commission mise en place par le gouvernement allemand : la fièvre aphteuse causait trop de pertes financières aux élevages, il fallait trouver une solution.

Loeffler et Frosch ont réalisé, sur des veaux, des expériences assez proches de celles faites jusqu'alors pour étudier la mosaïque du tabac et sont arrivés aux mêmes conclusions. La fièvre aphteuse est causée par un agent infectieux suffisamment petit pour traverser les filtres de Chamberland. Mais ils vont plus loin et utilisent un autre type de filtres encore plus fin… et le liquide qui les a traversés n'est cette fois-ci plus capable de transmettre la fièvre aphteuse. Le virus à l'origine de cette maladie n'est donc pas un fluide, comme le pensait Beijerinck, mais bien une toute petite particule qu'il est possible de bloquer.

En revanche Beijerinck avait raison de supposer que les virus pouvaient être responsables de nombreuses maladies. La mosaïque du tabac et la fièvre aphteuse n'étaient que le début d'une longue liste…

Insaisissables virus

Les premières identifications de virus reposaient sur leur caractère filtrable, ce qui a généré quelques erreurs. Certaines bactéries particulièrement petites et déformables, capables de traverser les filtres de Chamberland, ont ainsi été prises pour des virus. Mais malgré ces cas particuliers, les biologistes ont découvert très rapidement une des règles fondamentales de la virologie : plus on cherche des virus, plus on en trouve !

Plus de vingt virus ont ainsi été identifiés entre 1898 et 1920, infectant principalement des animaux qui ont un intérêt économique (bétail et volailles), mais aussi des humains, des végétaux et des bactéries. En 1927, Thomas Rivers dressait déjà une liste de 67 virus potentiels[4] dans son ouvrage *Les virus filtrables. Une revue critique.*

Malgré des découvertes de plus en plus nombreuses, les virus sont restés des entités insaisissables pendant des décennies. Les techniques du début du XXe siècle ne permettaient de les étudier que de façon indirecte et ils n'ont longtemps été définis que par des caractéristiques négatives : ne peuvent pas être observés au microscope, ne sont pas bloqués par la plupart des filtres et ne peuvent pas être multipliés en laboratoire dans un milieu nutritif classique.

Les deux premiers points peuvent être résumés en : « les virus sont plus petits que les bactéries », une propriété encore utilisée pour les définir, mais nous verrons que ça se discute désormais… La dernière caractéristique identifiée dès la fin du XIXe siècle, à savoir l'impossibilité de faire se multiplier des virus au laboratoire, découle du seul critère de définition des virus qui reste incontesté pour le moment : ce sont des parasites obligatoires. Autrement dit, quels que soient les éléments nutritifs mis à leur disposition, ils ne peuvent pas se reproduire sans infecter un autre organisme. Et cette caractéristique a considérablement compliqué leur étude.

En effet, les scientifiques réussissaient déjà, au début du XXe siècle, à faire proliférer des organismes unicellulaires comme des bactéries ou des levures dans des milieux nutritifs adaptés. Mais les virus y restaient inertes. Pour espérer les multiplier en laboratoire, il fallait d'abord réussir à maintenir en culture *in vitro*[5] des cellules qu'ils pourraient infecter. En 1913, Edna Steinhardt Harde, Clara Israeli et Robert Lambert sont les premiers à faire se reproduire un virus *in vitro*, en utilisant des cornées et du plasma sanguin de lapins et de cochons d'Inde. Mais l'expérience restait… expérimentale. Et même si d'autres équipes ont rapidement reproduit ce type de résultats, cette démarche ne s'est vraiment répandue qu'à partir des années 1940.

Pendant des décennies, étudier les virus, y compris humains, nécessitait donc d'infecter des organismes entiers ! Cette lourde contrainte a favorisé l'étude de certains virus par rapport à d'autres[6]. Celui de la mosaïque du tabac était pratique à utiliser en laboratoire car il est stable dans le temps, très contagieux et infecte des plantes, qui sont elles-mêmes plus faciles à entretenir que des animaux. La forte importance économique du tabac aux États-Unis à l'époque a également permis aux chercheurs de ce pays de faire financer leurs travaux. Ça aide.

Premiers tâtonnements

Les virologues qui travaillaient sur le virus de la mosaïque du tabac (VMT), entité qu'ils ne pouvaient pas visualiser et dont ils ne connaissaient pas la structure, ont tâtonné pendant tout le premier tiers du XXe siècle. Mais, même à l'aveugle et à petits pas, ils avançaient.

Dès le départ, la recherche en virologie aux États-Unis a été portée à la fois par le privé et le public. Parmi les entités publiques, le département de l'Agriculture des États-Unis (USDA, United States Department of Agriculture) a joué un rôle fondamental dans la compréhension de la maladie de la mosaïque du tabac. Côté privé, deux acteurs se distinguent par leurs énormes contributions. D'une part l'institut Boyce-Thompson, fondé en 1924 avec pour objectif de faire progresser les connaissances fondamentales en biologie végétale. D'autre part l'institut Rockefeller de recherche médicale, qui a été dès 1901 le premier centre de recherche biomédicale américain et a mis en place un département dédié aux maladies des plantes en 1932.

La mosaïque du tabac et le virus associé ont d'abord été étudiés grâce à des observations de plus en plus détaillées des symptômes et des expériences réalisées à partir de la sève récupérée sur des plantes contaminées. Celle-ci, une fois filtrée[7], permettait d'obtenir des virus relativement purifiés. Il était alors possible de leur faire subir différents traitements physiques et chimiques avant de les inoculer à de nouvelles plantes. En mesurant la proportion de celles qui développaient des symptômes, les chercheurs ont pu identifier les conditions dans lesquelles les virus étaient dégradés et celles qui, au contraire, n'affectaient pas leur capacité à infecter les plantes. À défaut de savoir exactement de quoi ces virus étaient constitués, cela permettait de faire des déductions sur leur nature… et d'affiner les protocoles utilisés pour les étudier en espérant finir par y voir plus clair.

Parmi les pionniers ayant consacré du temps à ces premières expériences se trouve Harry Allard. Surtout connu pour ses travaux fondateurs sur l'influence de la photopériode[8] sur les végétaux, ce botaniste américain qui travaillait pour l'USDA a rédigé une synthèse de l'état des connaissances sur le VMT en 1914. Il y évoque notamment le rôle potentiel des pucerons dans la transmission du virus. La capacité de certains insectes à transmettre des agents infectieux était déjà connue[9], mais envisager que cela puisse également concerner les virus de plantes était tout à fait inédit et ouvrait de vertigineuses questions. Car contrairement aux végétaux, les insectes se déplacent, ce qui peut profondément changer la propagation d'un virus…

Alors que la nature parasitaire des virus n'est encore qu'une hypothèse régulièrement chahutée par des données contradictoires, Henry Allard publie un autre résultat fondamental en 1915. Il a récupéré des virus de la mosaïque du tabac à partir de sève filtrée de plantes contaminées et, avant de les inoculer à de nouvelles plantes saines, les a dilués. Il a ainsi infecté des plantes avec des virus non dilués, des virus dilués dans 1 000, 10 000 ou 100 0000 fois leur volume d'eau ou de l'eau ne contenant aucun virus.

Le botaniste américain a répété cette expérience une dizaine de fois, changeant parfois la variété de tabac utilisée et ajoutant des niveaux de dilution intermédiaires. Chaque condition était testée sur au moins dix plantes saines, soit au total plus de 950 végétaux infectés entre mai 1913 et avril 1914, chacun portant quatre à cinq feuilles qui avaient toutes été infectées en plusieurs endroits. Pour que le décompte de la proportion de plantes effectivement rendues malades ne soit pas faussé par l'élimination précoce de celles qui auraient développé des symptômes plus tardivement que les autres, toutes ont été conservées plusieurs semaines après avoir été contaminées. Un travail titanesque, qui permet de prendre la mesure de ce que la virologie de l'époque nécessitait comme implication…

Mais ça en valait la peine ! En s'appuyant sur ces données, Allard a montré que ses échantillons de virus étaient toujours capables de contaminer de nouvelles plantes après avoir été dilués dans 1 000 fois leur volume d'eau. Or certains pensaient encore que la mosaïque du tabac pouvait être due à un déséquilibre dans l'activité de certains composants de la plante, causé par la modification de conditions externes non encore identifiées. Les variations naturelles de ces activités, qui ne posent pas de problème aux végétaux, sont cependant assez amples. En montrant qu'une quantité infime de virus très diluée suffit à provoquer l'apparition de symptômes, Allard invalide définitivement cette hypothèse.

Il termine son article en soulignant qu'il lui paraît plus cohérent de considérer la mosaïque du tabac comme causée par un parasite, dont de faibles quantités suffisent à provoquer des symptômes car une fois entré dans une plante, il est capable de s'y multiplier. Allard conclut de façon cinglante en appelant ses contemporains à accepter cette hypothèse : « Il ne semble pas seulement inutile mais illogique d'écarter une explication simple et directe pour en préférer une plus complexe et qui cependant échoue à expliquer l'ensemble des faits observés. »

A posteriori il est facile de donner raison à Allard et de se demander pourquoi, alors que ses résultats vont dans le même sens que ceux déjà présentés par

Beijerinck en 1898, la communauté scientifique n'était pas encore convaincue du rôle d'un virus dans l'apparition de la mosaïque du tabac. Mais en réalité il est tout à fait normal que des preuves très solides soient nécessaires pour admettre quelque chose d'aussi extraordinaire que l'existence d'un nouveau type d'agent infectieux ! Et il faut que des résultats identiques aient été obtenus indépendamment par plusieurs équipes de recherche pour s'assurer qu'il ne s'agit pas d'une anomalie liée à un problème expérimental ou pire, d'une fraude.

Les outils de l'époque donnaient des résultats contradictoires – le cas des doubles filtres qui avaient bloqué les virus dans les tests de Mayer mais pas dans ceux d'Ivanovski n'est qu'un exemple parmi beaucoup d'autres. Il a donc fallu attendre que les données s'accumulent pour qu'elles deviennent suffisamment convaincantes… et les 950 plantes d'Allard montrent bien qu'en obtenir n'avait rien de facile.

De la génétique avant l'heure

Je vous ai raconté au chapitre précédent que les progrès de la génétique ont révolutionné les classifications du vivant, permettant notamment de découvrir le domaine des archées. De façon intéressante, cette discipline a aussi joué un rôle en virologie alors qu'elle-même commençait tout juste à se développer.

En effet, si l'identification de l'ADN comme support de l'information génétique[10] remonte aux années 1940, l'existence de structures physiques capables de porter et transmettre des caractéristiques héréditaires a été démontrée par le généticien et embryologiste américain Thomas Morgan dès le début des années 1910. Et certains des résultats de génétique obtenus entretemps concernent directement le VMT !

On doit une grande partie de ces travaux à Harold McKinney qui, comme Harry Allard, travaillait pour l'USDA. En 1926 et 1929, il décrit des plants de tabac infectés par le VMT qui présentent à la fois des marbrures vertes et des taches jaunes. Il réalise des observations de terrain jusque dans les îles Canaries ainsi que des expériences dans son laboratoire pour étudier la façon dont ces deux types de symptômes cohabitent. Deux hypothèses lui paraissent compatibles avec ses résultats. Les deux couleurs de mosaïque pourraient être causées par des virus différents, impossibles à séparer efficacement avec les techniques à sa disposition. Ou elles pourraient être dues à deux variantes d'un même virus, l'une ayant été produite par modification naturelle de l'autre.

McKinney reconnaît qu'il ne peut pas trancher entre ces deux suppositions, mais une observation lui fait préférer la seconde : sur dix-sept plantes, poussant à quatre endroits différents, il n'a jamais observé de mosaïque jaune en l'absence de mosaïque verte. Le virus responsable des taches jaunes semble ne pas exister de façon isolée, ce qui conduit le phytopathologiste[11] à penser qu'il s'agit d'une variante du VMT classique plutôt que d'un virus indépendant.

Quelques années plus tard, James Jensen, chercheur dans l'équipe de pathologie végétale de l'institut Rockefeller, s'intéresse lui aussi aux mosaïques jaunes du tabac. À partir de plantes infectées par du VMT, il récupère différentes souches de virus qui provoquent l'apparition de taches jaunes. Il étudie en détail les symptômes correspondants, les vitesses de propagation des virus dans les végétaux et leurs capacités de contamination.

Parmi les résultats que Jensen publie en 1933, un lui paraît particulièrement intéressant : certains des virus qui causent des mosaïques jaunes sont très peu contagieux. Il est donc improbable qu'ils aient pu être propagés au laboratoire en même temps que le VMT qui, lui, l'est beaucoup. Si les deux virus étaient indépendants, les taches jaunes et le virus qui les provoque devraient disparaître au fil des contaminations. Mais Jensen observe au contraire qu'ils se maintiennent, ce qui l'amène à partager l'avis de McKinney et à conclure que les virus provoquant des mosaïques jaunes sont des variants du VMT classique. Ceux-ci apparaîtraient spontanément lorsque le virus se multiplie dans les plantes infectées.

Les connaissances en génétique de l'époque ne permettent pas d'aller plus loin et Jensen lui-même souligne que beaucoup de questions restent ouvertes, en écrivant : « Rien n'est connu sur la façon dont ces variations apparaissent ou sur les conditions qui favorisent leur production. »

Isoler les virus

Un nouvel outil a cependant permis d'affiner l'étude de ces virus difficiles à séparer les uns des autres. Celui-ci a été mis au point en 1929 à l'institut Boyce-Thompson, par le jeune chercheur Francis Holmes[12].

Imaginez. Jusqu'alors les chercheurs qui travaillaient sur le VMT suivaient des protocoles du même type que celui de Harry Allard, qui nécessitaient d'infecter énormément de plantes et de les conserver plusieurs semaines. Tous se basaient sur le nombre de végétaux contaminés pendant une expérience pour évaluer les capacités d'infection de leurs virus.

Holmes s'est de son côté intéressé à des lésions qui apparaissent au niveau du site d'inoculation lorsqu'une plante est infectée par le VMT. Il a comparé les caractéristiques de ces symptômes locaux chez dix-sept espèces de tabac. Cinq d'entre elles présentaient des petites taches suffisamment visibles pour être facilement repérées et comptées par un expérimentateur.

Holmes s'est concentré sur l'espèce de tabac *Nicotiana glutinosa*, sur laquelle les lésions apparaissaient particulièrement tôt, entre deux et cinq jours après l'inoculation contre une à deux semaines pour d'autres espèces. Elle présentait également l'avantage de produire relativement peu de virus, ce qui limitait les risques de contaminations involontaires pendant les expériences.

Après de nombreux tests, Holmes a finalement élaboré un protocole expérimental révolutionnaire. Grâce à lui, il devenait possible d'évaluer la quantité de VMT infectieux dans un échantillon en comptant non plus les plantes contaminées mais le nombre de lésions apparaissant au niveau des sites d'inoculation sur les feuilles de *Nicotiana glutinosa*.

Ce protocole facilitait grandement les expériences. D'une part parce qu'il nécessitait d'utiliser beaucoup moins de plantes. Chaque feuille de chaque pied de tabac pouvait être infectée en plusieurs endroits et chacune de ces zones remplaçait un lot de plantes ! D'autre part parce que la méthode faisait gagner du temps. En effet, les lésions locales apparaissent beaucoup plus rapidement sur les feuilles de *Nicotiana glutinosa* que l'ensemble des symptômes de la mosaïque du tabac sur une plante entière, quelle que soit son espèce. Le comptage pouvait donc être réalisé au bout de quelques jours au lieu de quelques semaines.

Cette avancée expérimentale était déjà considérable, mais le test de Francis Holmes a aussi permis un saut conceptuel : en travaillant avec des virus très dilués, qui provoquent peu de lésions, on pouvait supposer que chacune était due à une infection par un virus unique. Ainsi, en récupérant séparément les lésions, il devenait théoriquement possible de purifier les virus associés.

Est-ce que ce nouvel outil allait permettre de séparer les virus responsables des mosaïques verte et jaune du tabac ? McKinney a tenté l'expérience dans un article publié en 1935. Après avoir volontairement mélangé deux virus différents, il a confirmé qu'il était possible de les isoler en utilisant la méthode de Holmes.

Il a ensuite appliqué la même technique à du VMT. Il a récupéré plus de cent lésions différentes, considérées comme issues de virus uniques avec lesquels il a inoculé autant de plantes. Quatre-vingt-quatorze pour cent d'entre elles sont tombées malades et toutes ont commencé par présenter des symptômes classiques de mosaïque verte du tabac… suivis par l'apparition de taches jaunes. Cette expérience semblait à nouveau indiquer que les marbrures jaunes sont dues au VMT lui-même, pas à un autre virus.

C'est finalement James Jensen qui démontrera indiscutablement l'existence de variations du VMT en observant l'apparition de l'une d'entre elles. Dans un article paru en 1936, il explique comment il a isolé une cinquantaine de virus de mosaïque jaune à partir de VMT. Et comment, alors qu'il les étudiait, des plantes contaminées par certains d'entre eux se sont mises à présenter des marbrures vertes !

Ces travaux ont été menés dans les années 1930, alors qu'on ne savait pas encore quel type de molécule portait l'information génétique du VMT, ni même que le VMT avait de l'information génétique. Ils ont pourtant montré que ce virus peut muter[13] pour donner de nouveaux virus proches, apparentés, qui présentent des symptômes et des caractéristiques différentes. Cette découverte de l'évolution des virus est capitale : elle impacte à la fois la compréhension des maladies et la classification des agents infectieux.

À partir de quel moment doit-on considérer deux virus comme différents ? Quel degré de divergence amènerait à les classer comme n'appartenant pas à la même espèce ? Quel vocabulaire employer pour refléter au mieux la réalité ?

Difficile de répondre à ces questions, soulevées à l'époque, sans pouvoir observer les structures des virus ou accéder aux séquences de leurs génomes. Les scientifiques se sont depuis mis d'accord sur un certain nombre de critères, mais l'étude des micro-organismes et des virus en particulier rappelle constamment que les entités biologiques forment un ensemble continu : y délimiter des catégories implique toujours de prendre des décisions arbitraires !

Virus et mémoire immunitaire

Lors de ses toutes premières expériences sur les virus entraînant des mosaïques vertes ou jaunes du tabac, Harold McKinney a décrit dès 1929 un phénomène intéressant : certaines plantes, infectées avec un échantillon de virus qui provoque une mosaïque verte puis exposées à un virus qui cause une mosaïque jaune, n'ont présenté que les symptômes du premier virus. Comme si le virus de mosaïque verte induisait une protection des plants de tabac contre le virus de mosaïque jaune.

On parle d'immunité croisée pour désigner l'acquisition d'une protection contre certains agents infectieux après exposition à d'autres, proches mais différents. Les preuves de l'existence de ce phénomène chez les plantes se sont rapidement accumulées dans les années 1930. Louis Kunkel[14] en a notamment présenté en 1934, ainsi que William Price, un des chercheurs de son équipe à l'institut Rockefeller, en 1935.

Price avait également publié en 1932[15] un article qui montrait que des plants de tabac infectés par un autre virus, dit « des taches en anneaux », finissaient par ne plus présenter de symptôme visible et devenaient résistants à de futures infections par ce même virus. Ces résultats prouvent qu'en plus de développer des immunités croisées, les plantes sont capables de reconnaître un agent infectieux auquel elles ont déjà été confrontées et de s'en protéger. C'est-à-dire de mettre en place une mémoire immunitaire. Ces deux capacités sont intimement liées, l'immunité croisée étant une forme peu spécifique de mémoire immunitaire. Et si elles étaient des nouveautés pour les spécialistes des virus végétaux, les médecins les connaissaient bien !

En effet, dès le début du XVIIIe siècle, l'écrivaine britannique Mary Wortley Montagu en apportait les premières traces dans la civilisation occidentale. Son mari avait été nommé ambassadeur d'Angleterre auprès de l'Empire ottoman en 1716, ce qui les avait amenés à vivre un peu plus d'un an en Turquie. Elle y avait observé une pratique destinée à protéger la population contre la variole, maladie causée par un virus. Du pus prélevé sur un patient présentant des symptômes légers était utilisé pour infecter une personne saine. Cela permettait de la rendre résistante à la variole, en espérant que cette contamination volontaire ne conduise pas elle-même à une maladie violente voire mortelle. Cette technique, baptisée variolisation, était à l'époque la seule façon de se protéger de la variole. Mary Wortley Montagu, qui avait déjà perdu son frère à cause de cette maladie dont elle avait elle-même souffert et gardé des séquelles, fit varioliser son fils en 1718 à Constantinople, puis sa fille en 1721, après son retour à Londres. Elle milita pour le développement de la variolisation en Angleterre, mais cette méthode risquée suscitait de nombreuses critiques. Elle n'est cependant pas sans rappeler les observations faites deux siècles plus tard par William Price : des individus exposés à un agent infectieux s'en trouvaient protégés par la suite.

Quelques décennies après les efforts de diffusion de Mary Wortley Montagu, le médecin anglais Edward Jenner fut intrigué par le fait que, malgré les ravages causés par la variole, certaines personnes ne l'attrapaient jamais : celles qui travaillaient au contact des vaches. Elles étaient en revanche infectées par un autre virus qui touche habituellement ces animaux et cause une maladie appelée vaccine. Celle-ci provoquait chez les humains des symptômes beaucoup moins graves que ceux de la variole. Jenner supposa puis démontra en 1798 que l'exposition à un virus pouvait protéger d'un autre. En l'occurrence qu'une infection par la vaccine, peu virulente, permettait d'éviter d'attraper la variole, plus agressive. Ce nouveau processus remplaça rapidement la variolisation : la vaccination était née !

Cette technique a beaucoup évolué depuis et des vaccins plus sophistiqués ont été élaborés contre différents types d'agents infectieux. Mais il se trouve que la première et la seule maladie humaine que nous avons pour l'instant éradiquée est la variole, notamment grâce à la vaccination.

Ainsi, la mémoire immunitaire et la protection croisée étaient bien connues chez l'humain lorsque des chercheurs les ont observées, cent trente ans plus tard, chez des végétaux. On pourrait croire qu'il ne s'agissait que d'un exemple supplémentaire du même phénomène mais, comme souvent, la réalité est plus complexe. Car les mécanismes de défense immunitaire des humains n'ont rien à voir avec ceux des végétaux : ces observations concordantes sont en fait dues à des processus totalement différents.

Sans rentrer dans les détails complexes des réponses immunitaires des êtres vivants, la lutte contre les infections s'organise généralement autour de deux stratégies : une action non spécifique, déclenchée quelle que soit la nature du problème, et une action ciblant précisément les agents infectieux en train d'attaquer l'organisme. On parle respectivement de réponses immunitaires innée et adaptative. Chez les animaux vertébrés, dont les humains, chacun de ces phénomènes nécessite la mobilisation de deux types d'acteurs, qu'on a eu l'occasion d'évoquer au chapitre précédent : des cellules et des molécules. La mémoire immunitaire repose dans ce cas sur des cellules spécifiques. Or les végétaux n'ont pas de cellules immunitaires. Leur arsenal de défense est constitué uniquement de molécules.

Les mécanismes mis en jeu chez les plantes sont loin d'être complètement compris. Mais on sait qu'ils impliquent notamment différents types de molécules capables de reconnaître des parties d'agents infectieux. L'une d'elles a d'ailleurs été identifiée par Francis Holmes[16]. Une fois l'agent infectieux détecté, des cascades d'interactions permettent aux végétaux de déclencher la mort des cellules infectées et de transmettre des signaux dans toute la plante. Un état d'alerte généralisé se met ainsi en place et l'ensemble de l'organisme, y compris les zones qui n'ont pas été directement confrontées à l'infection, peut devenir résistant et acquérir une mémoire immunitaire.

Les mêmes molécules peuvent détecter différents agents infectieux, ces mécanismes sont donc moins spécifiques que l'immunité adaptative des vertébrés. Chez les végétaux, les spécialistes distinguent plutôt des défenses passives, présentes en permanence, et des défenses actives, induites lorsque l'organisme est confronté à un dégât ou un agent infectieux. Mais si on fait une analogie avec le fonctionnement de notre propre réponse immunitaire, on peut considérer que les plantes ne disposent que d'une immunité innée pour assurer leur défense. Ce qui ne les empêche pas de développer une mémoire immunitaire efficace[17] ! Moins spécifique que celle des vertébrés, elle protège plus souvent contre différents agents infectieux du même type.

L'immunologie, une boîte à outils

La diversité et la complexité des modes de défense mis en place par les organismes pour se protéger des microbes sont fascinantes, mais le lien entre les virus et l'immunité ne s'arrête pas là. En effet, l'immunologie est aussi étroitement associée à la virologie car elle est à l'origine de nombreuses techniques qui permettent d'étudier les virus. Utilisées quotidiennement dans les laboratoires de recherche et d'analyses médicales, leurs racines remontent une fois de plus au VMT. Et à une scientifique remarquable nommée Helen Purdy Beale.

Recrutée en 1924 dans l'équipe de Louis Kunkel[18] à l'institut Boyce-Thompson, Helen Purdy Beale avait étudié la bactériologie et ainsi été formée à des techniques expérimentales qu'elle a développées et adaptées à l'étude des virus végétaux.

Sa première publication phare dans ce domaine date de 1929. Elle s'inspire de travaux réalisés deux ans plus tôt sur des plants de pommes de terre et repose sur l'utilisation d'anticorps. Ces molécules sont produites par les vertébrés lors de la réponse immunitaire adaptative. Elles reconnaissent de nombreux motifs moléculaires absents de l'organisme en temps normal, qu'on appelle des antigènes. Chaque anticorps peut se fixer de façon très spécifique à un seul et unique antigène. En cas de contamination, les anticorps correspondant à l'agent infectieux responsable sont produits en grandes quantités. Ça aide normalement l'organisme à se défendre, mais cette capacité à reconnaître avec précision certains morceaux de molécules peut aussi être très utile aux chercheurs.

Helen Purdy Beale a ainsi préparé des échantillons liquides à partir de feuilles de tabac saines et de feuilles contaminées par le VMT, qu'elle a injectés à des lapins. Quelques jours plus tard, elle a prélevé le sang de ces animaux et l'a purifié pour n'en garder que la partie liquide, le sérum. Celui-ci contient les anticorps produits par les lapins et Beale en récupère donc deux lots, synthétisés par des animaux mis en contact avec des extraits de plants de tabac uniquement différenciés par la présence ou l'absence de VMT.

En les étudiant, elle confirme qu'ils reconnaissent tous deux des antigènes communs, vraisemblablement ceux naturellement présents dans la sève de tabac. En revanche seuls les anticorps produits à partir de plantes infectées par le VMT réagissent au contact de sève venant de tomates, de pétunias ou de poivrons infectés par ce virus. Les anticorps obtenus par Beale sont donc des outils fiables de détection du VMT !

C'était impossible à démontrer à l'époque, mais cela vient du fait que ces molécules sont capables d'interagir directement et de façon spécifique avec le virus. Ce qui a une autre conséquence intéressante, que Beale observe également dans son article de 1929 : quand de la sève contaminée par le VMT est mise en contact avec les anticorps qui reconnaissent ce virus, sa capacité à le transmettre diminue. Les anticorps, même s'ils ne jouent aucun rôle dans la réponse immunitaire des végétaux, neutralisent le VMT.

Helen Purdy Beale a ainsi été la première à obtenir des outils de détection spécifiques du VMT, qui se sont avérés précieux par la suite. Mais ses expériences ont aussi montré une bonne fois pour toutes que le VMT est une entité physique absente des plantes saines. Plus de quarante ans après son ouverture par Mayer, le débat sur l'origine de la maladie de la mosaïque était enfin clos ! Par les travaux de thèse d'une femme qui ne comptait pas s'arrêter là.

Beale continue à étudier les anticorps qu'elle récupère après avoir injecté de la sève de tabac contaminée par le VMT à des lapins. En 1931, elle montre que ceux-ci ne détectent pas d'autres virus infectant d'autres plantes, qu'ils réagissent très faiblement à d'autres virus s'ils sont présents chez le tabac[19] et qu'ils sont très sensibles au VMT quelle que soit la plante infectée. La chercheuse reste prudente dans sa conclusion mais ses résultats sont clairs : ses anticorps sont extrêmement spécifiques du VMT et capables de détecter le virus lui-même.

Ça en fait des outils précieux pour déterminer si des virus qui se ressemblent sont vraiment différents l'un de l'autre. Jusqu'alors les chercheurs essayaient de se repérer à partir de deux informations : les caractéristiques de la maladie déclenchée après l'infection et l'éventuelle mise en place d'une protection croisée chez des plantes exposées successivement aux deux virus. C'était clairement moins précis et fiable que les anticorps.

Le génie de Beale ne s'arrête pas là ! En comparant la capacité des anticorps à détecter la présence de VMT dans différentes plantes, elle constate que la réaction est moins marquée pour *Nicotiana glutinosa*. Or, c'est cette espèce que Holmes a utilisée pour mettre au point son protocole de quantification des infections par le VMT en 1929, et il avait observé qu'après infection la quantité de VMT était plus faible dans ce type de tabac que dans les autres. La détection du VMT par les anticorps des lapins permettrait-elle de faire des mesures quantitatives ?

En comparant les résultats obtenus avec ses anticorps à des décomptes faits en utilisant le protocole de Holmes, Beale se rend rapidement compte que oui. Un sillon qu'elle va creuser, avec succès. Les protocoles qu'elle propose pour quantifier les virus donnent des résultats en quelques heures au lieu de quelques jours, voire semaines, et ne nécessitent plus d'avoir une serre dans laquelle cultiver de nombreux plants de tabac ! Un progrès incroyable… pour peu qu'on ait accès à des anticorps. Cette technologie est peu répandue à l'époque et il lui faudra des décennies pour être adoptée à large échelle. Mais il y a aujourd'hui des anticorps dans les frigos de tous les laboratoires de recherche en virologie. Merci Helen Purdy Beale !

Voir l'invisible ?

Entités biologiques ou chimiques ? La question de la nature des virus a donné lieu à de vifs débats pendant toute la première moitié du XXe siècle. À la lumière de nos connaissances actuelles, la séparation biologique/chimique semble pourtant peu pertinente. Comme le reste de la matière, les entités biologiques sont constituées de molécules et sont donc chimiques par essence, d'où l'existence de disciplines comme la biologie moléculaire et la biochimie.

Aujourd'hui on se demande plutôt si les virus sont vivants ou pas… ce qui n'est finalement qu'une autre façon de formuler la même question ! S'il est difficile d'y répondre, c'est que les virus paraissent être à mi-chemin entre la matière inerte et les cellules vivantes. De quel côté de la frontière du vivant faut-il les ranger ? On en reparlera au dernier chapitre. Pour l'instant repartons sur les traces du VMT, car c'est en s'intéressant à lui que des chimistes et des physiciens ont percé pour la première fois le mystère de la structure d'un virus.

Nous voici au milieu des années 1930. Et je préfère vous prévenir : je n'essaierai pas ici de retracer fidèlement la façon dont notre compréhension de la nature des virus s'est construite. La connaissance ne progresse pas vers l'avant, en ligne droite ; elle fait des détours et revient régulièrement sur ses pas. Je vais me contenter de marquer certains jalons importants de l'itinéraire. Mais n'oublions pas qu'ici, comme dans le reste de cet ouvrage, chaque scientifique cité appartient à la partie émergée d'un iceberg bien plus vaste.

L'importance des cristaux

Un des acteurs phares de cette deuxième phase de l'étude des virus est, une fois de plus, un jeune chercheur de l'équipe de Louis Kunkel à l'institut Rockefeller : Wendell Meredith Stanley. En 1935, ce chimiste purifie des cristaux « possédant les propriétés du VMT » en utilisant des techniques physico-chimiques. Il démontre que ses cristaux transmettent efficacement la mosaïque du tabac et que, contrairement à ceux précédemment obtenus par d'autres scientifiques, ils restent aussi infectieux après avoir été décristallisés et recristallisés à plusieurs reprises, ce qui suggère une grande pureté.

Reprenant les outils mis au point par Helen Purdy Beale, il constate que ses cristaux sont reconnus par des anticorps spécifiques du VMT mais pas par des anticorps qui détectent la sève de tabac non contaminée. À l'inverse, quand il injecte ses cristaux à des animaux pour purifier les anticorps correspondants, ceux-ci réagissent avec de la sève contaminée par du VMT mais pas avec de la sève saine. Il a donc efficacement séparé les virus des composants du tabac.

S'il reconnaît qu'il est difficile voire impossible de démontrer que ses cristaux sont composés de VMT pur, Stanley a de bonnes raisons de croire qu'il a réussi à isoler une forme cristalline de ce virus. Il réalise différents tests pour déterminer la nature moléculaire de ses cristaux et finit par conclure qu'ils sont uniquement composés d'une ou plusieurs protéines. Une idée à laquelle il s'attachera avant de finalement reconnaître son erreur.

En effet, la technique de purification du VMT décrite par Stanley est rapidement utilisée par d'autres scientifiques. Dès 1936, quatre chercheurs[20] publient un article dans lequel ils montrent que les cristaux de VMT contiennent à la fois des protéines et de l'acide nucléique de type ARN. Ils ne pouvaient toujours pas être certains que leurs cristaux n'étaient composés que de particules virales du VMT, mais ils avaient mis le doigt sur quelque chose d'essentiel : ces structures contiennent à la fois des protéines et de l'acide nucléique. Elles forment donc ce qu'on appelle des « nucléoprotéines »[21], et c'est aujourd'hui encore considéré comme un des éléments caractéristiques des virus !

Mais l'importance de ces cristaux va bien au-delà de l'identification de la nature moléculaire du VMT : ils ont aussi permis de déterminer la structure des particules virales. Pour comprendre comment, faisons à nouveau un détour par la physique.

Tout commence en 1895, quand le physicien allemand Wilhelm Röntgen découvre les rayons X et réalise au passage la toute première radiographie, sur la main de sa femme. On a depuis compris que ces rayons sont de même nature que la lumière, sur laquelle vous en savez suffisamment désormais pour comprendre pourquoi je vais soigneusement éviter de rentrer dans les détails. Disons, pour simplifier grossièrement, qu'on peut les assimiler à de la lumière qui vibrerait plus vite que celle que nos yeux peuvent détecter et qui contiendrait plus d'énergie. Les caractéristiques de ces rayons X leur confèrent une propriété intéressante : ils peuvent interagir avec la matière et notamment être déviés par les atomes. Autrement dit, si on bombarde de la matière avec un faisceau de rayons X, il est possible d'analyser la façon dont leurs trajectoires sont modifiées pour en déduire des informations sur la structure de la matière en question.

Encore faut-il, pour que le résultat soit lisible, que la matière analysée soit composée d'unités organisées de façon régulière dans l'espace et pas disposées en vrac voire pire, se déplaçant pendant l'expérience. Ces derniers cas donneraient plusieurs résultats différents, superposés et qu'il serait particulièrement difficile de séparer pour les interpréter. Mais ça tombe bien : des blocs répétés et agencés régulièrement dans l'espace, c'est précisément la définition d'un cristal !

Une fois ces principes démontrés, des scientifiques ont travaillé dès le début des années 1910 au développement des outils techniques et mathématiques nécessaires pour réaliser des expériences de diffraction aux rayons X. Ou pour le dire de façon plus claire mais moins courte : projeter des rayons X sur des cristaux et mesurer les déviations obtenues pour calculer les structures des unités de matière étudiées. Les chercheurs se sont d'abord intéressés à des cristaux simples, comme le sel en 1913[22], puis sont rapidement passés à des composés plus complexes et finalement, aux molécules biologiques : la kératine en 1932, la pénicilline en 1945, l'ADN en 1953… D'ailleurs, une scientifique qui a joué un rôle fondamental dans la compréhension de la structure de cette molécule est aussi à l'origine de travaux clés concernant le VMT ! Prenons donc un peu de temps pour parler de Rosalind Franklin et du fonctionnement de la recherche…

L'ADN, première hélice de Franklin

Rosalind Franklin est née en 1920 dans une riche famille juive londonienne. On pourrait penser que sa culture religieuse n'a rien à voir avec son travail de recherche, mais ce serait doublement faux. D'une part car l'éducation dont elle a bénéficié, bien plus poussée que celle de la plupart des femmes de son époque, est directement liée à ses origines socioculturelles. Elle a notamment été « diplômée » de Cambridge en 1941 alors que cette université n'a commencé à délivrer des diplômes officiels aux femmes qu'en 1947. D'autre part car être juive et avoir 19 ans en Europe au début de la Seconde Guerre mondiale n'a rien de neutre.

Si Rosalind Franklin n'est pas aussi célèbre qu'Einstein ou Newton, on entend de plus en plus souvent parler d'elle et un rover qui doit être envoyé sur Mars en 2022 porte son nom. Mais on ne la mentionne malheureusement que pour son rôle dans la découverte de la structure de l'ADN, qui a occupé moins de trois ans sur les dix-sept années de sa carrière de chercheuse. Le plus souvent pour raconter une histoire dramatique de vol de résultats qui renvoie une image déformée de la réalité du travail en laboratoire. Revenons plus en détail sur sa carrière pour comprendre ce qui l'a amenée à étudier le VMT et dans quelles conditions.

Rosalind Franklin a commencé à faire de la recherche en physique chimie en 1941, dans un contexte qu'elle a vécu comme frustrant. Non seulement elle ne participait pas à l'effort de guerre alors qu'elle tenait à le faire, comme le reste de sa famille, mais en plus son encadrant traversait une période difficile et n'était clairement pas en état de s'occuper correctement de son étudiante. Franklin avait un caractère bien trempé, elle est partie dès que possible pour rejoindre l'Association britannique de recherche sur l'utilisation du charbon[23] en 1942. Elle y a fait sa thèse sur la structure et la perméabilité des différents types de charbon, un sujet directement lié à l'effort de guerre, le charbon étant notamment utilisé dans les masques de protection.

Pendant ses études, Franklin a fait une rencontre qui sera déterminante dans sa vie : celle d'Adrienne Weill, une physicienne française et juive qui avait travaillé avec Marie Curie avant de devoir se réfugier en Angleterre. C'est elle qui permet à Franklin, une fois la guerre terminée, d'aller poursuivre ses travaux sur les charbons à Paris. Rosalind Franklin y restera de 1947 à 1951 et c'est à ce moment-là, dans le laboratoire de Jacques Mering, qu'elle sera formée à la technique expérimentale sur laquelle reposera la suite de sa carrière : la fameuse diffraction aux rayons X, qui permet de déduire la structure des composants d'un cristal.

Attachée à la vie parisienne, c'est à contrecœur que Franklin retourne en Angleterre, où va se dérouler ce que l'on pourrait appeler « l'épisode de l'ADN ».

John Randall, défenseur d'une recherche interdisciplinaire qui était peu courante à l'époque, recrute Rosalind Franklin en 1950. Elle doit venir étudier la structure des protéines et des lipides dans son équipe du King's College de Londres. Mais entre ce recrutement et l'arrivée de Franklin sur place un an plus tard, Randall change d'avis. Finalement, elle travaillera sur la structure de l'ADN qui, avec le développement de la génétique, était devenu le sujet phare de la biologie de l'époque. Un autre chercheur de l'équipe de Randall avait d'ailleurs déjà commencé à se pencher sur la question : Maurice Wilkins, qui était également directeur adjoint de l'équipe.

Et c'est ici que commencent les problèmes. Car d'un côté Randall a clairement informé Franklin qu'elle serait seule responsable des recherches sur l'ADN, avec un doctorant… Mais de l'autre il a assuré à Wilkins qu'il continuerait à travailler sur ce projet. Si bien que quand Franklin et Wilkins se rencontrent, ils pensent chacun être le supérieur de l'autre. Une situation propice aux conflits que n'arrangent pas les caractères opposés des deux protagonistes, Wilkins étant discret et renfermé, et Franklin intransigeante et peu diplomate. Le comportement de Randall dans cette histoire montre qu'un bon chercheur n'est pas forcément un bon responsable d'équipe…

À cette ambiance électrique s'ajoute le fait que, si Randall est plutôt progressiste dans ses recrutements, la place des femmes dans cette nouvelle institution de rattachement n'a rien à voir avec ce que Franklin a connu à Paris. Elle trouve la mentalité locale affligeante et ne fait aucun effort pour s'intégrer à un collectif où elle ne se sent pas la bienvenue. Ce qui ne l'empêche pas, comme à son habitude, de produire un travail d'une qualité remarquable. Il faut avoir en tête que la technique de diffraction aux rayons X demande énormément de précision et que le matériel de l'époque était rudimentaire. Obtenir des images de qualité était une prouesse dans ces conditions et celles de Franklin sont unanimement reconnues comme particulièrement réussies. Le travail mathématique d'analyse de ces représentations indirectes de la structure de la matière est lui aussi très complexe, et Rosalind Franklin, accompagnée par le doctorant Raymond Gosling, s'y attelle de façon méticuleuse. Un compromis est finalement trouvé pour répartir le travail entre Franklin et Wilkins mais la situation reste tendue car deux chercheurs d'une autre équipe anglaise s'intéressent eux aussi à la structure de l'ADN.

James Watson et Francis Crick ont abordé cette question d'une façon radicalement différente : ne réalisant aucune mesure expérimentale, ils se sont appuyés sur les résultats d'autres scientifiques pour proposer des structures hypothétiques susceptibles d'expliquer les observations obtenues. Franklin a d'ailleurs eu l'occasion d'échanger avec eux à propos d'une de leurs suggestions[24] avant que le Conseil de la recherche médicale, qui finançait les deux équipes, ne décide de leur interdire d'entrer en compétition sur un même sujet. Watson et Crick étaient censés arrêter de réfléchir à la structure de l'ADN… Plus facile à dire qu'à faire.

Au sein du laboratoire de Randall, les données s'accumulent mais l'ambiance de travail reste désastreuse au point que Franklin prépare son départ. Avant de rejoindre le Birkbeck College, où elle dirigera sa propre équipe, elle utilise les premiers mois de l'année 1953 pour finaliser son travail sur l'ADN et transférer ses résultats à ses collègues. C'est-à-dire à Wilkins, qui devient alors seul responsable de l'étude de la structure de l'ADN. C'est à ce moment-là, en quelques semaines, que se joue la première partie du scénario qui effacera, pour commencer, le nom de Rosalind Franklin de l'histoire des sciences.

Franklin rédige des articles à partir de ses derniers résultats sur l'ADN mais est déjà concentrée sur son futur projet de recherche et n'a pas la sensation d'être en compétition avec qui que ce soit. Wilkins de son côté n'attend que le départ de Franklin pour aller solliciter Watson et Crick et leur proposer de travailler ensemble sur la structure de l'ADN. Enthousiasmé par cette idée, il les contacte régulièrement et montre un jour à Watson un cliché réalisé par Franklin dont personne n'avait connaissance en dehors de leur équipe.

Crick et Watson n'ont quant à eux jamais arrêté de réfléchir à la structure de l'ADN. Au contraire, ils ont progressé tranquillement dans leur coin, en s'appuyant notamment sur des données de Franklin obtenues sans son autorisation ! Rappelez-vous, les deux équipes étaient financées par la même structure : ils ont ainsi obtenu un des rapports remis par Franklin à son financeur, qui contenait des données et des analyses de sa main. La légende raconte que le déclic est cependant venu du cliché montré à Watson par Wilkins : celui-ci était remarquablement net et ne laissait aucun doute sur la structure de l'ADN.

Finalement, dans le même numéro daté d'avril 1953 du prestigieux journal *Nature*, trois articles sont publiés simultanément : un de Wilkins, un de Franklin[25] et un de Watson et Crick proposant une structure en double hélice de l'ADN. Ils ne suscitent pas de réaction particulière sur le moment et Franklin part diriger sa propre équipe de recherche, sur un nouveau sujet.

La première injustice ici est que les données de Franklin ont été utilisées à son insu par Watson et Crick, que ce soit celles montrées par Wilkins ou celles obtenues grâce à leur financeur. La seconde est qu'elle n'a pas été créditée pour son travail. Que ce soit dans l'article de Watson et Crick ou lorsque ceux-ci ont reçu, avec Wilkins, le prix Nobel de médecine en 1962[26]. La façon dont ils ont cité Rosalind Franklin dans leurs discours à cette occasion, la présentant comme une technicienne expérimentée, n'était pas à la hauteur de son véritable rôle. Sans ses clichés, aucun d'eux n'aurait pu découvrir la structure de l'ADN en 1953. Et, comme l'ont montré des notes retrouvées bien plus tard, Franklin était arrivée de son côté aux mêmes conclusions que Watson et Crick. Mais si sa contribution a été clairement minimisée, elle n'aurait pas pu recevoir le prix Nobel : Franklin est en effet décédée en 1958 et le Nobel n'est jamais remis à titre posthume.

Je profite de cette histoire pour faire un petit aparté « Nobel ». Vous aurez sans doute remarqué que j'ai peu évoqué ce prestigieux prix jusqu'ici. Or plusieurs des scientifiques que j'ai mentionnés l'ont reçu. Pourquoi ? Je fais partie des gens qui considèrent qu'en nommant au maximum trois personnes par discipline et par an, cette récompense donne une image erronée de l'histoire des sciences, qui est une construction collective et progressive.

On peut s'offusquer que Rosalind Franklin n'ait pas été récompensée, mais Oswald Avery, qui a montré que l'ADN est le support de l'information génétique, ne l'a pas été non plus. Ni Erwin Chargaff, pourtant auteur de découvertes sur l'arrangement des composants de l'ADN qui furent fondamentales dans la détermination de la structure de cette molécule et qui, contrairement à Franklin et Avery, était encore vivant en 1962…

Sans même entrer dans les controverses liées à l'identité des personnes primées, et notamment au fait que certains responsables de laboratoires ont reçu, seuls, des Nobel pour des travaux effectués par leurs étudiants ou étudiantes, ce prix suggère que les travaux récompensés sont importants mais ne dit rien de la valeur de ceux qui ne l'ont pas été.

Pour revenir à Rosalind Franklin, elle n'a jamais eu connaissance de la récompense reçue par Wilkins, Watson et Crick, tout comme elle n'a jamais su que ses données avaient été utilisées. Et quand elle a changé de laboratoire et de thématique de recherche, elle n'était pas spécialement en froid avec ces trois scientifiques.

Des outils pour mieux « voir »

Et le VMT dans tout ça ? C'est justement à ce sujet que Rosalind Franklin s'est intéressée en 1953. Avant notre petit détour du côté de l'ADN, nous nous étions arrêtés sur la découverte de la nature nucléoprotéique du VMT en 1936. Mais entre ce moment et le début des travaux de Franklin, un certain nombre de progrès avaient été faits, liés aussi bien à l'étude des cristaux par diffraction aux rayons X qu'à des améliorations des techniques de biologie moléculaire et à l'apparition d'une nouvelle forme de microscopie. Retraçons-les rapidement.

Une des avancées de cette époque est encore utilisée régulièrement de nos jours dans les laboratoires de virologie. Elle découle de l'étude des cristaux de VMT de Stanley par son collègue Ralph Wyckoff, biophysicien à l'institut Rockefeller. Celui-ci a eu l'idée de comparer ces cristaux à de la sève de tabac infecté par du VMT ayant subi un traitement particulier : un passage dans une ultracentrifugeuse.

Cette machine a été inventée et peaufinée par le chimiste suédois Theodor Svedberg dans les années 1920. Il s'agit d'une sorte de super-centrifugeuse qui permet de récupérer des éléments en les faisant tomber au fond de récipients, un peu comme un panier à salade permet de séparer l'eau de la salade. La particularité de l'ultracentrifugeuse est qu'elle tourne si rapidement qu'elle permet d'isoler des particules minuscules.

Harold McKinney, dont on a déjà parlé pour ses travaux de génétique avant l'heure à base de mosaïques jaune et verte, avait dès 1927 proposé d'utiliser ce nouvel outil pour purifier des virus. Mais le protocole qu'il décrivait était difficilement généralisable à ce moment-là. Il faudra attendre neuf ans et un article de Ralph Wyckoff, justement, pour que cette idée revienne sur le devant de la scène. En effet, en comparant les profils de déviation des rayons X par des cristaux de VMT ou par de la sève infectée passée dans une ultracentrifugeuse, Wyckoff a constaté qu'ils étaient identiques. Il a ainsi montré que l'ultracentrifugation permet de purifier des virus à partir de sève contaminée ! Une technique qui s'est rapidement développée et étendue à d'autres virus que le VMT et qu'on utilise toujours actuellement, mais qui n'est qu'un des grands progrès de cette époque.

En étudiant des cristaux de VMT, les biochimistes Frederick Bawden et Norman Pirie[27], en collaboration avec les cristallographes John Bernal[28] et Isidor Fankuchen, avaient montré en 1936 que ces virus contiennent des acides nucléiques. Mais ils les avaient également bombardés avec des rayons X, obtenant ainsi les toutes premières estimations de la forme du VMT ! Leur silhouette de bâtonnets se dessinait et un nouvel outil allait venir la préciser.

Les microscopes optiques utilisés à l'époque étaient déjà assez perfectionnés, mais ils présentaient une limite impossible à dépasser : leur résolution. C'est-à-dire la distance minimale qui doit séparer deux points pour que ceux-ci puissent effectivement être détectés comme deux points distincts et non pas confondus en un seul. Cette longueur dépend des rayons utilisés pour analyser un échantillon, soit, pour les microscopes optiques, de la lumière visible qui permet d'atteindre une résolution maximale de 200 nanomètres[29]. Le VMT mesurant 300 nanomètres de long pour 18 nanomètres de diamètre, il n'aurait pas été possible de déterminer sa forme avec cette technique.

En 1931, le physicien allemand Ernst Ruska, âgé de seulement 26 ans, commence à travailler sur une adaptation des microscopes pour utiliser des faisceaux d'électrons à la place de la lumière[30]. Cela devait permettre d'améliorer grandement la résolution, d'environ mille fois par rapport aux microscopes optiques, même s'il faudra des décennies pour réellement atteindre cette précision théorique. Ernst Ruska travaille avec l'ingénieur Bodo von Borries, qui deviendra son beau-frère, et ils progressent rapidement. Pendant ce temps Helmut Ruska, le petit frère d'Ernst, termine ses études de médecine. À eux trois, ils ne mettront ensuite que deux ans à obtenir les premières images de virus par microscopie électronique, dès 1938 ! Cette fois-ci le VMT n'est pas le premier, cet honneur revient au virus de la vaccine et à deux autres virus de la même famille, mais il arrive juste après, en 1939.

Pour comprendre le défi que représentait l'utilisation des microscopes électroniques, il faut avoir en tête deux de leurs caractéristiques. Le faisceau d'électrons ne doit croiser aucune molécule avant d'atteindre l'objet observé et il chauffe énormément. Non seulement cette hausse de température abîmait les structures que les chercheurs voulaient étudier, mais elle provoquait aussi l'évaporation de l'eau, présente en grande quantité dans les échantillons biologiques, donc la formation de vapeur qui venait perturber le faisceau d'électrons. Pour observer des cellules ou des virus au microscope électronique sans que le microscope lui-même les abîme, il a fallu trouver des techniques qui permettent de les figer et de les sécher sans les détruire.

Les protocoles de préparation de l'époque étaient rudimentaires, tout comme les microscopes. Ils ont été tant améliorés depuis que les premières images de virus paraissent peu impressionnantes aujourd'hui. Mais elles étaient les premières ! Après les avoir considérés comme invisibles pendant plus de quarante ans, il était enfin possible d'observer les virus. Et de deux façons différentes : une très visuelle, le microscope électronique, et une indirecte mais beaucoup plus précise, la diffraction aux rayons X.

La combinaison de toutes ces nouvelles techniques d'étude des virus permet de déterminer dès le début des années 1940 que le VMT a une forme de bâtonnet, qui rappelle assez ironiquement celle d'une cigarette. Sa taille exacte restait discutée car la longueur des particules virales variait selon les conditions expérimentales, mais on a rapidement compris pourquoi : les VMT ont tendance à s'assembler bout à bout.

D'autres travaux ont également montré que les particules de VMT ne contenaient pas une seule protéine, mais plusieurs sous-unités protéiques ressemblantes voire identiques, dont l'agencement restait à déterminer. La première personne à avoir obtenu des données suggérant que ce virus puisse avoir une forme d'hélice est un certain James Watson, qui se désintéressa ensuite temporairement de la question pour se concentrer sur l'étude de l'ADN.

Voici un résumé de l'état des connaissances au moment où Rosalind Franklin a commencé à travailler sur la structure du VMT. La forme générale de ce virus était connue, mais son organisation restait à déterminer, et la position de l'acide nucléique, trop petit pour être facilement repéré mais que certains supposaient être au cœur des bâtonnets, restait un mystère.

Franklin, reine des hélices

Recrutée par l'éminent cristallographe John Bernal pour diriger sa propre équipe de recherche au Birkbeck College de Londres, Rosalind Franklin commence par enrôler celui qui deviendra son plus proche collaborateur : Aaron Klug[31]. L'équipe continue ensuite de grandir et, entre le début de ses travaux en 1953 et le décès de Franklin en 1958, elle produira suffisamment de découvertes remarquables sur la structure des virus pour s'imposer comme une autorité internationale dans ce domaine.

Elle connut pourtant de nombreuses difficultés. Le matériel disponible à Birkbeck était limité, et Franklin mit plusieurs mois avant de simplement pouvoir commencer à effectuer des analyses. Elle a également dû batailler, et ce jusqu'à la fin de sa vie, pour obtenir des financements qui permettent de pérenniser ses recherches et les postes de ses collaborateurs. Face au peu de soutien des institutions anglaises, elle a même fini par demander, avec succès, une subvention à une institution américaine pour son équipe londonienne.

Une partie de ces difficultés est due à un désaccord avec le biochimiste Norman Pirie, qui avait contribué à démontrer que le VMT contient de l'ARN. En effet, après avoir lu un article de Franklin dans lequel elle décrivait les particules de VMT comme composées de protéines identiques et mesurant 300 nanomètres de long, Pirie lui écrivit en lui demandant de corriger ce qu'il considérait comme des erreurs. Franklin, persuadée d'avoir raison – c'était le cas –, et peu encline à altérer la présentation de données scientifiques pour des raisons diplomatiques, ne fit que des changements mineurs de formulation. À partir de ce jour Pirie cessa de lui envoyer des échantillons de VMT et l'équipe de Franklin dut s'en procurer autrement, voire en produire, ce qui était pénible mais faisable. En revanche, rien ne leur permettait de compenser l'influence importante de Pirie sur l'attribution de certains financements anglais…

Cette digression est l'occasion de rappeler que les scientifiques sont des hommes et des femmes comme les autres, avec leurs egos et leurs tempéraments, plus ou moins (in)compatibles. L'histoire des sciences est nécessairement influencée par ces affinités et animosités, qui sont souvent déformées voire oubliées avec le passage du temps. Ainsi, de son vivant, Pirie a clairement nui à Franklin alors que, pendant les cinq années qu'elle a consacrées à l'étude des virus, Watson, Crick et, dans une moindre mesure, Wilkins ont été pour elle des collaborateurs proches et récurrents, voire des amis.

La publication à l'origine de l'animosité de Pirie, datée de février 1955, était la première de la nouvelle équipe de Franklin. Tout en faisant une synthèse des données disponibles à l'époque, elle approfondit les résultats de Watson et confirme que les bâtonnets du VMT sont en fait de minuscules hélices composées d'une succession de protéines. Franklin en propose la toute première représentation, en insistant sur le caractère schématique de celle-ci. Elle souligne aussi que ses données montrent l'existence de rainures au niveau de la surface du virus.

Quelques mois plus tard, Franklin et Klug, toujours en s'appuyant sur leurs données de diffraction aux rayons X, montrent que ce sillon à la surface du virus est lui-même hélicoïdal, ce qui permet aux virus de se coller les uns aux autres comme de minuscules vis pour former les cristaux de VMT purifiés par Stanley, Wyckoff et bien d'autres. Ils suggèrent que cette surface rainurée des particules virales pourrait en fait être due à une série de protubérances, qui correspondraient chacune à une des protéines du virus. C'était impossible à visualiser directement avec les moyens de l'époque, mais ils avaient raison !

L'équipe de Franklin a également répondu à une question fondamentale concernant les particules de VMT : où se trouve l'ARN ? On supposait que celui-ci était au cœur des bâtonnets de protéines, mais, dans deux publications parues l'une à la suite de l'autre dans la revue *Nature* en mai 1956, Franklin et son collaborateur Donald Caspar ont montré que ce n'était pas le cas. Dans le premier article, Caspar mesure la densité d'une particule normale de VMT et montre que son centre est creux et qu'il existe quatre pics de densité qui se succèdent quand on se déplace vers l'extérieur du virus. Dans le second, Franklin réalise le même type d'expérience sur une particule de VMT ne contenant pas d'ARN, dont elle avait déjà décrit la structure pour montrer sa très forte ressemblance avec les virus normaux. Mais en observant la densité de ces particules sans ARN, elle constate qu'un des quatre pics décrits par Caspar disparaît : il est remplacé par un creux. La localisation de l'ARN viral est désormais identifiée !

En une poignée d'années, l'équipe de Franklin a ainsi confirmé que les particules de VMT, qui ont une apparence de cylindres au microscope électronique, sont en fait hélicoïdales et composées de multiples protéines identiques agencées de façon très régulière, qui forment des protubérances à l'origine de sillons à la surface des virus. Mais également que ces bâtonnets viraux de 300 nanomètres de long et de 18 nanomètres de diamètre ne sont pas remplis d'ARN. Au contraire, leur centre est un cylindre creux de 4 nanomètres de diamètre et l'ARN, lui-même hélicoïdal, est en fait encastré un peu plus loin dans les protéines. Une prouesse, fruit d'expériences et d'analyses méticuleuses, car ces résultats ont été obtenus grâce à la très indirecte et très complexe technique de diffraction aux rayons X!

Le travail de Rosalind Franklin a joué un rôle fondamental dans la compréhension de la structure des virus, entités toujours difficiles à observer. Quand elle décède d'un cancer en avril 1958, des maquettes de virus, réalisées par son équipe à la demande des organisateurs, sont visibles à l'Exposition universelle qui se tient à Bruxelles. Franklin était alors une experte reconnue internationalement dans son domaine, loin de l'image d'une victime spoliée par ses collègues qu'on a d'elle aujourd'hui et que l'on doit à mon avis en grande partie au malaise de Watson et Crick, qui n'ont jamais assumé de s'être appuyés sur ses travaux à son insu et ont préféré, au moins dans un premier temps, minimiser son rôle dans la compréhension de la structure de l'ADN.

Mais, comme souvent dans la recherche, ces résultats n'étaient qu'une étape. Les travaux sur la structure du VMT ont continué bien après les années 1950, notamment pour comprendre la façon dont les différents constituants s'assemblent pour former des particules virales. Et, suivant les dernières impulsions données par Franklin, son ancienne équipe reprise par Klug s'est intéressée à la structure de nouveaux virus, notamment celui de la poliomyélite.

Ce que font les virus

De Mayer à Franklin, il aura fallu soixante-dix ans pour passer de l'identification d'un agent infectieux, causant une maladie du tabac, à la compréhension de sa structure moléculaire. Parallèlement, de plus en plus de virus ont été découverts, les techniques expérimentales ont évolué et la notion même de virus s'est progressivement affinée alors que les biologistes apprenaient à mieux connaître les composants moléculaires du vivant.

La synthèse intitulée *Le concept de virus*, proposée par le biologiste français André Lwoff en 1957, est en grande partie toujours d'actualité. Son introduction résume à elle seule le côté paradoxal de la virologie : après avoir souligné qu'il n'est ni rigoureux de considérer les virus comme des micro-organismes ni juste de les résumer à des structures moléculaires, Lwoff explique qu'il va tâcher de démontrer que les virus sont simplement… des virus. Mais avant de vous présenter son raisonnement, je dois vous parler d'un dernier point essentiel : que se passe-t-il quand un virus infecte une cellule ?

Chacun son rôle

Avant de vous parler d'un autre type de virus, voyons déjà ce que le VMT avait à nous apprendre sur la question. On en était à la découverte de la structure des particules de ce virus, composées de protéines et d'acide nucléique de type ARN. La compréhension des rôles respectifs de ces deux types de molécules a mobilisé de nombreux scientifiques, mais s'il ne fallait en citer qu'un, ce serait indiscutablement Heinz Fraenkel-Conrat.

Ce biochimiste né en Allemagne a quitté ce pays après l'arrivée d'Hitler au pouvoir, pour faire une thèse à Édimbourg et finalement s'installer aux États-Unis, dont il est devenu citoyen en 1941. Il a effectué la majeure partie de sa carrière sur le campus de l'université de Californie de Berkeley, où l'étude des virus a notamment été portée par un certain Wendell Stanley[32], qui y a créé un laboratoire puis un département de virologie.

En 1955, Fraenkel-Conrat et son collègue Robley Williams publient un article où ils décrivent des méthodes qui permettent de purifier les protéines ou l'ARN de particules de VMT. Après les avoir séparés, ils remélangent ces deux types de molécules et inoculent le produit obtenu à des plants de tabac. Dans certaines conditions ils peuvent ainsi provoquer l'apparition des lésions de la mosaïque du tabac. Autrement dit : à partir de protéines et d'ARN viraux, ces deux chercheurs arrivent à reconstituer *in vitro* des virus infectieux, qu'ils observent d'ailleurs en microscopie électronique.

Ils constatent également que des protéines seules n'induisent jamais de lésion, ni des protéines assemblées avec de l'ARN préalablement dégradé. En revanche de l'ARN seul, utilisé en quantité suffisante, peut conduire à l'apparition de symptômes sur les plants de tabac. Ce lien entre la présence d'ARN viral intact et les capacités d'infection du VMT avait déjà été évoqué dans les années 1940, sans avoir été formellement démontré.

Un an plus tard Fraenkel-Conrat publie une courte note qui décrit de nouvelles expériences. Reprenant son protocole de constitution de particules virales à partir de protéines et d'ARN, il a cette fois utilisé des molécules issues de virus différents pour produire des virus qui contiennent les protéines d'une souche et l'ARN d'une autre souche. Quand il met ces particules virales en contact avec des anticorps, elles sont reconnues par ceux dirigés contre la variété dont il a utilisé les protéines. En revanche les symptômes provoqués par ces virus hybrides sont ceux de la souche dont il a utilisé l'ARN. Il semble ainsi que les protéines jouent un rôle dans la structure des virus mais que l'acide nucléique soit au cœur de l'infection.

D'ailleurs, lorsque Fraenkel-Conrat contamine des plantes avec ses virus hybrides et leur laisse le temps de produire elles-mêmes de nouvelles particules virales, il constate que celles-ci ne contiennent pas les protéines qu'il a introduites à l'origine mais celles qui correspondent au type de virus dont il a utilisé l'ARN. Or, si on savait déjà en 1956 que l'ADN est un support d'information génétique, rien de tel n'avait été démontré pour l'ARN. Prudent, Fraenkel-Conrat conclut que « l'ARN semble être le principal déterminant génétique, y compris pour la production des protéines des souches de VMT ».

Il développe ces recherches dans un article publié en 1957 avec Bea Singer, une biochimiste qui a été sa collaboratrice pendant plusieurs décennies, en plus d'être sa femme. Leur conclusion est cette fois-ci plus ferme : « Désormais, on peut conclure de tout ce travail que l'ARN de chaque souche virale a la capacité d'induire, dans les cellules infectées, la synthèse de nouvelles protéines virales très similaires voire identiques à celles de la souche en question, et que cette capacité est conservée lorsque l'ARN est associé *in vitro* à des protéines d'une autre souche virale. » Autrement dit : l'ARN d'un virus de type VMT est effectivement le support de son information génétique et détermine à la fois les symptômes qu'il provoque et le type de particules virales qu'il conduit à produire. Si cet ARN, une fois purifié, infecte moins efficacement les plants de tabac que les virus entiers, c'est parce que cette molécule très fragile n'est alors plus protégée par des protéines.

À une époque où on ne connaissait ni la séquence de la protéine composant les particules de VMT ni la séquence de l'acide nucléique associé, ces expériences remarquables de biochimie ont permis d'établir ce qui reste à ce jour une des particularités des virus : contrairement aux autres entités biologiques, dont l'information génétique est toujours portée par de l'ADN, certains virus ont un génome constitué d'ARN. Ces deux types d'acide nucléique peuvent donc être des supports d'information !

En résumé, les virus sont des structures composées de protéines et d'acides nucléiques, capables d'infecter des cellules et d'induire la production de nouvelles particules virales selon des indications portées par un génome correspondant à leur acide nucléique. Ces informations génétiques ne sont pas forcément stables et peuvent évoluer au fil du temps, comme le montrent les expériences de McKinney et Jensen sur la variabilité des symptômes à partir d'une même souche initiale de VMT. Ce qui se passe à l'intérieur des cellules infectées reste pour le moment une boîte noire. Pour y faire un peu de lumière, il nous faut nous séparer du VMT et partir à la découverte d'autres virus.

Les bactériophages, virus stars

L'acteur principal de la découverte des bactériophages est un personnage… rocambolesque. Né en 1873 à Paris, Hubert Augustin Félix Haerens, qui n'a vraisemblablement jamais eu de diplôme, pas même le baccalauréat, a pourtant pratiqué la médecine et fait de la recherche en microbiologie pendant la majeure partie de sa vie. Il a également monté plusieurs entreprises, qui ont toutes été des échecs, et voyagé, souvent pour y occuper des postes prestigieux, dans une quinzaine de pays aussi éloignés que le Guatemala, l'Inde ou le Canada, où il prétendait être né.

Je n'ai pas le temps de rentrer ici dans les détails de sa biographie, qui est aussi riche et surprenante que le suggère ce résumé. Je me contenterai de parler d'une partie des recherches de cet acteur important de la virologie qui avait choisi de se faire appeler Félix d'Hérelle.

L'histoire des bactériophages commence en 1910, au Mexique. Félix d'Hérelle, donc, y gère un projet gouvernemental qui consiste à valoriser des résidus d'agave, une plante dont les fibres sont utilisées dans la production de différents matériaux, notamment des textiles. L'objectif est d'utiliser le reste des feuilles de cette plante pour produire de l'alcool. Une distillerie est installée, mais une nuée de sauterelles ravage la plantation où travaille d'Hérelle. En étudiant certains insectes, celui-ci se rend compte qu'ils sont infectés par des bactéries capables de provoquer une mort rapide. Il les baptise *Coccobacillus acridorium*[33] et s'y intéressera beaucoup plus qu'aux agaves.

D'Hérelle profite de la situation politique chaotique du Mexique pour quitter ce pays et revenir à Paris, où il devient assistant libre à l'institut Pasteur. Il a ramené avec lui quelques cadavres de sauterelles mexicaines infectées à partir desquels il isole les bactéries à l'origine de leur maladie. Il essaie de cultiver ces microbes en laboratoire avec en tête l'idée de les utiliser pour lutter contre les essaims dévastateurs de sauterelles. Ce qu'il aura l'occasion de faire rapidement en Argentine. Et c'est là que les événements deviennent difficiles à retracer.

A posteriori d'Hérelle racontera avoir observé un phénomène étrange dans ses cultures de bactéries tueuses de sauterelles : l'apparition de taches vierges desquelles les bactéries semblent absentes, ce que confirment ses observations au microscope. Une découverte qu'il n'approfondira pas, les conditions expérimentales sur le terrain n'étant pas adaptées. Problème : il n'existe aucune trace de ces observations, et il nous faut croire d'Hérelle sur parole.

Or, comme souvent dans l'histoire des sciences, l'identité du découvreur des bactériophages est controversée. En effet, le bactériologiste anglais Frederick Twort a publié des observations du même type que celles de d'Hérelle à la fin de l'année 1915. Il a lui aussi constaté l'apparition de zones dépourvues de bactéries dans des cultures bactériennes et il a essayé de comprendre leur origine. Il a notamment montré que l'agent responsable était toujours aussi agressif après avoir été passé à travers un filtre de Chamberland, qu'il ne pouvait être multiplié en l'absence de bactéries alors qu'il pouvait être transmis indéfiniment d'une culture de bactéries à une autre en gardant son efficacité et qu'une faible quantité suffit à provoquer la disparition des bactéries même si une forte quantité a des effets plus rapides.

Forts de votre lecture et voyant où je veux en venir, ces caractéristiques vous font sans doute immédiatement penser à un virus… mais rappelez-vous que nous sommes en 1915 ! La nature des virus et leurs caractéristiques ne font pas encore consensus parmi les scientifiques. Twort évoque cette hypothèse mais il l'écarte, tout en reconnaissant qu'il ne peut pas formellement prouver qu'elle est fausse. Il pense plus probable qu'un composé produit par les bactéries soit à l'origine du phénomène et regrette de ne pas avoir pu aller plus loin dans ses travaux faute de moyens. On peut également regretter que ces résultats soient restés méconnus pendant plusieurs années, jusqu'à ce qu'ils permettent, en 1921, de contester la paternité de la découverte de Félix d'Hérelle.

Celui-ci est mobilisé à l'institut Pasteur dès le début de la Première Guerre mondiale, en 1914, et doit abandonner ses expériences sur les sauterelles et leurs bactéries. Appelé pour gérer une épidémie de dysenterie qui touche des soldats, il récupère la bactérie à l'origine de la maladie afin de l'étudier et, une fois de plus, des taches vierges de bactéries apparaissent dans certains de ses échantillons.

Mais cette fois-ci d'Hérelle a accès au meilleur matériel possible pour essayer de comprendre le phénomène ! Dans un premier temps il remarque que les bactéries disparaissent toujours dans des prélèvements faits sur des patients juste avant que leurs symptômes ne s'améliorent, ce qui l'amène à supposer qu'il se passe la même chose dans leurs organismes que dans ses tubes à essai. D'Hérelle aurait-il mis la main sur un agent capable de détruire des bactéries à l'origine de maladies humaines ? Une découverte au potentiel médical considérable.

Ce microbiologiste autodidacte passe deux ans à étudier le phénomène avant de publier ses résultats en 1917. Il n'emploie pas le mot virus mais affirme avoir découvert un microbe de bactérie qu'il baptise bactériophage[34]. Il pense que ce n'est pas un cas particulier mais un exemple de quelque chose de plutôt fréquent. En effet, en plus de ses observations sur les bactéries qui causent la dysenterie, d'Hérelle a obtenu les mêmes résultats avec des bactéries purifiées à partir de prélèvements de patients souffrant de la fièvre typhoïde.

On ne saura jamais si d'Hérelle a effectivement observé des bactériophages avant Twort, ni s'il avait connaissance des résultats de ce dernier quand il a présenté les siens. Mais on peut affirmer sans risque que d'Hérelle est la première personne à avoir identifié le potentiel thérapeutique des virus de bactéries que sont les bactériophages.

Il est aussi clair que, la publication de Twort en 1915 étant passée inaperçue, c'est celle de d'Hérelle en 1917 qui a permis de lancer tout un pan de recherche consacré à ces nouvelles entités biologiques.

Bactériophage + bactérie = ?

Les bactériophages sont rapidement devenus des stars de la virologie, et pour cause ! À une époque où étudier un virus nécessitait de disposer d'organismes à infecter, ils présentaient un avantage certain : leurs cibles sont elles-mêmes minuscules. Inutile d'entretenir des serres ou autre équipement volumineux pour en manipuler des milliards au laboratoire ! Les résultats se sont donc rapidement accumulés.

En 1926, moins de dix ans après son article qui a poussé les bactériophages sur le devant de la scène, Félix d'Hérelle publie *Le bactériophage et son comportement*. Un ouvrage de plusieurs centaines de pages qui fait le point sur l'ensemble des connaissances de l'époque à propos de ces virus, notamment la façon dont ils se multiplient.

D'Hérelle rappelle qu'une bactérie infectée par un bactériophage finit par exploser pour libérer une multitude de nouveaux virus, capables d'aller à leur tour contaminer d'autres bactéries. Il explique également que, lorsqu'on observe des bactéries infectées au microscope, on voit nettement qu'elles grossissent avant de disparaître, ce qui prouve que leur explosion est bien due à un phénomène qui se déroule à l'intérieur de ces organismes. Nous connaissons donc la fin de l'histoire de la rencontre entre un bactériophage et une bactérie. D'Hérelle en décrit également le point de départ.

Il présente plusieurs expériences, réalisées par lui mais aussi par d'autres chercheurs. Après avoir mis une quantité donnée de virus en contact avec des bactéries pendant différentes durées, ils récupèrent les bactériophages libres dans le milieu de culture, par centrifugation ou filtration, et les comptent. Les résultats obtenus montrent que, lorsque des virus sont mis en présence de bactéries qu'ils sont capables d'infecter, ils se fixent directement sur elles. Ce processus de fixation a lieu même si les bactéries sont mortes[35], ce qui suggère que le phénomène est passif, au moins en ce qui concerne les bactéries. Ce qui se passe entre ce contact et la destruction de la bactérie restait en revanche mystérieux en 1926.

En 1934, soit deux ans avant qu'il en soit de même pour le VMT, le biochimiste Max Schlesinger avait montré que les bactériophages contiennent à la fois des protéines et de l'acide nucléique. Les progrès de la microscopie électronique au cours des années 1940 ont quant à eux permis de découvrir l'apparence des bactériophages. Ceux-ci, comme tous les virus, sont extrêmement divers, mais leur forme générale est à peu près toujours la même : une sorte de tête qui ressemble à un dé à vingt facettes identiques[36] surmonte une queue à peu près cylindrique et plus fine dont l'extrémité, dans certains cas, porte des sortes d'épines rappelant des pattes d'araignées. Si vous n'avez jamais vu d'images de bactériophage, je vous conseille de faire une recherche sur Internet, ça vaut le coup d'œil.

Il faudra attendre 1951 pour obtenir des images du phénomène décrit plus de vingt-cinq ans auparavant par d'Hérelle[37] : des bactériophages accrochés sur des bactéries. On sait désormais que ces virus se fixent aux bactéries par l'extrémité de leur queue opposée à leur tête. En fait, lorsqu'un bactériophage entre en contact avec une bactérie pour l'infecter, toute sa structure protéique reste à l'extérieur de cet organisme. La seule chose qui entre dans la bactérie est l'acide nucléique du virus, son génome. Ce qui aboutit à la production de nouveaux virus[38]. L'ensemble de ces résultats, renforcés quelques années plus tard par les expériences de Fraenkel-Conrat avec le VMT, montre que les virus sont en fait des transporteurs de matériel génétique dont l'acide nucléique suffit à transformer une cellule en usine productrice de nouveaux virus. Même si, pour être honnête, comme toute phrase essayant d'exprimer une généralité sur les virus, celle-ci n'est pas rigoureusement exacte… Dans certains cas l'entrée du matériel génétique du virus dans une cellule n'est pas suffisante pour permettre son infection.

Sans rentrer dans les détails, on peut à présent avoir une idée de la façon dont se déroule l'infection par des bactériophages : ceux-ci se fixent par l'extrémité de leur queue sur une bactérie dans laquelle ils injectent ensuite leur matériel génétique. Le fonctionnement de la bactérie est alors modifié de façon à lui faire produire de nouveaux génomes de virus et de nouvelles protéines de virus, qui s'assembleront pour former de nouveaux bactériophages. Lorsque ceux-ci sont suffisamment nombreux, ils font exploser la bactérie et sont libérés pour aller en infecter d'autres. C'est ce qu'on appelle un cycle viral et les grandes lignes de celui des bactériophages peuvent être généralisées à l'ensemble des virus : ceux-ci infectent des cellules en y entrant (entièrement ou partiellement) et piratent les outils et les ressources à leur disposition pour transformer les cellules en usines à nouveaux virus. À une nuance près.

Un phénomène pour le moins intrigant a alimenté une longue controverse entre les scientifiques qui considéraient les bactériophages comme des agents infectieux et ceux qui pensaient avoir affaire à un fonctionnement particulier des bactéries. Dès les années 1920, des chercheurs avaient remarqué que certaines bactéries qui n'avaient pas été récemment mises en contact avec des bactériophages pouvaient tout de même se mettre à produire des particules virales. On a depuis compris qu'en fait certains bactériophages sont capables de s'installer dans les bactéries sans immédiatement transformer celles-ci en usines à virus. On parle dans ce cas de « cycle viral lysogénique », par opposition au « cycle lytique » qui aboutit à la destruction de la bactérie. Cette sorte de cohabitation permet aux virus de se multiplier en même temps et au même rythme que leur hôte infecté et de ne se manifester que bien après leur installation dans les bactéries. Ce fonctionnement est assez éloigné de l'idée que l'on se fait généralement des virus, agressifs au détriment de leurs victimes parasitées, mais ce n'est pas une spécificité des bactériophages. Cela dit, ce *statu quo* est un équilibre instable, le virus peut redevenir meurtrier pour la bactérie si les conditions changent.

Finalement, qu'est-ce qu'un virus ?

Après ce détour du côté des bactériophages, revenons en 1957 et plongeons-nous vraiment dans *Le concept de virus*, cette synthèse dans laquelle André

Lwoff entend démontrer que la nature des virus… est d'être des virus.

Gardez en tête que la spécialité de ces entités reste l'esprit de contradiction et qu'en ce qui les concerne nous ne sommes jamais à l'abri d'un contre-exemple. Cela dit, nous avons déjà évoqué, au fil de ce chapitre, différentes caractéristiques des virus. Ils sont petits, doivent nécessairement parasiter des organismes pour se multiplier et sont composés de protéines et d'un génome d'acide nucléique qui, seul, porte les informations nécessaires à la fabrication de nouvelles particules virales. Certains virus peuvent en plus être entourés d'une couche de lipides, c'est-à-dire de gras, qui porte le nom d'enveloppe virale.

Le premier critère de définition qu'évoque Lwoff est que les virus sont des agents infectieux. Autrement dit, ils peuvent s'introduire dans des organismes, et plus exactement dans des cellules, pour les parasiter. Pourtant, en s'appuyant sur l'exemple des bactériophages, Lwoff fait remarquer que cette capacité d'infection n'est pas systématiquement observée. Lorsque ces virus sont en cours de production par une bactérie, avant que celle-ci n'éclate, ils sont incapables d'en infecter une autre. De même, quand un bactériophage s'est installé dans une bactérie de façon lysogénique, en s'y maintenant sans conduire à la production de nouveaux virus, il n'est pas infectieux à proprement parler.

Ce constat peut sembler déstabilisant : alors que les virus sont censés être infectieux, toutes les entités considérées comme des virus ne le sont pas. Lwoff explique cependant qu'il n'y a là rien de nouveau. On peut utiliser pour définir une catégorie d'organismes des caractéristiques que tous les individus de cette catégorie ne possèdent pas nécessairement, ou pas à tous les stades de leur existence. Lwoff illustre cet argument en prenant l'exemple des mammifères, et c'est si clair que je vais me contenter de le citer : « Les mammifères sont caractérisés par la possession de mamelles, produisant du lait qui permet de nourrir les jeunes. Et il est vrai que les mammifères produisent du lait. Il est également vrai que nombre d'entre nous, qui n'en produirons jamais, sont pourtant des mammifères. »

Si on applique ce raisonnement aux virus, cela reste cohérent de considérer le fait d'être infectieux comme une de leurs caractéristiques quand bien même cette capacité n'est pas conservée à tous les stades du cycle de reproduction de ces entités. En revanche un organisme qui n'aurait à aucun moment besoin d'en infecter un autre pour pouvoir se multiplier n'est pas un virus.

Les bactériophages en cycle lysogénique amènent carrément Lwoff à redéfinir la notion d'infection. Pour englober la situation des bactéries contaminées par ce type de virus, qui ne subissent donc aucune perturbation à court terme, il sépare maladie et infection en considérant cette dernière comme « l'introduction dans un organisme d'une entité étrangère capable de se multiplier, d'induire une maladie et de produire de nouvelles entités infectieuses ». Autrement dit, un virus est infectieux même s'il ne rend pas malade, pour peu qu'il en ait la capacité dans l'absolu.

Selon Lwoff, pour établir une liste de critères déterminant ce qu'est un virus, il faut que ceux-ci permettent de le distinguer des autres entités biologiques. Comme il l'écrit lui-même : « Les mammifères sont définis comme des animaux capables de produire du lait. Il est évident que cette définition n'est utile que s'il existe d'autres animaux qui en sont incapables. » Il faut donc identifier ce qui distingue les virus des autres agents microscopiques comme les bactéries, les eucaryotes unicellulaires et les archées, que je mentionnais dans le premier chapitre mais qui n'avaient pas encore été découvertes en 1957.

Si on devait donner un unique critère qui permette de distinguer les virus de tous ces organismes aujourd'hui, ce serait beaucoup plus facile qu'à l'époque : les virus sont les seuls à ne pas être composés de cellules. Encore que, certains virus nous obligeraient à réfléchir plus précisément à ce que nous considérons comme des cellules… Une fois de plus, ils viennent bousculer nos cases !

Mais il y a plus de soixante ans, Lwoff a construit son raisonnement sur d'autres particularités. La première est que la multiplication des virus n'est pas liée à une croissance physique. Les nouveaux virus sont synthétisés dans les cellules infectées à partir de matériaux cellulaires, comme des objets sur une chaîne de production : ils n'ont pas besoin de grandir pour ensuite être séparés en deux, contrairement à tous les organismes unicellulaires. D'ailleurs, comme le montre l'exemple des bactériophages, il n'y a même pas besoin d'avoir un virus entier pour pouvoir en produire un nouveau : dans certains cas le génome suffit, et c'est une autre particularité du monde viral.

Lwoff souligne deux autres spécificités. D'une part, les virus sont les seules entités biologiques à ne contenir qu'un seul type d'acide nucléique, de l'ADN ou de l'ARN, alors que les deux cohabitent dans les organismes cellulaires, même si chacun a ses fonctions spécifiques. C'est un critère encore utilisé pour définir les virus. D'autre part, Lwoff souligne que, contrairement aux autres organismes, les virus ne possèdent pas les outils nécessaires pour récupérer et utiliser de l'énergie externe. Ce que nous faisons de notre côté à chaque fois que nous mangeons et digérons. Ces deux particularités, n'avoir qu'un seul type d'acide nucléique et être dépendants sur le plan énergétique, sont d'autant plus intéressantes qu'à un moment particulier de leur cycle de reproduction, les virus s'en affranchissent. On aura l'occasion d'y revenir…

J'espère que ce retour sur l'histoire de la compréhension de la nature des virus vous a donné une idée de ce que sont et ne sont pas ces entités qui échappent si facilement aux définitions. Intéressons-nous maintenant à ce qui se passe quand elles interagissent avec d'autres organismes. Et comme d'habitude, vous pouvez vous attendre à des surprises !

CHAPITRE 3

Des virus et des Hommes

On associe spontanément la notion de virus à celle de maladie et j'avais envie de partager avec vous une autre vision de la virologie, centrée sur les virus eux-mêmes et ce qu'ils peuvent avoir de positif. Mais, si l'idée remonte à 2019, ce livre a été écrit début 2020, notamment pendant un confinement lié à une pandémie virale… Il m'a donc finalement paru indispensable de consacrer quelques pages aux conséquences sanitaires des virus.

Virus et maladies

Avant de rentrer dans le vif du sujet, je tenais à clarifier un point qui peut paraître évident quand on l'énonce mais qui influence fortement la façon dont on pense aux virus : ce ne sont pas des entités malfaisantes ayant pour objectif de nuire aux organismes qu'elles infectent. Ou, pour le dire autrement, les virus ne sont pas méchants.

Évoluer pour persister

Pour comprendre ce qui se passe quand un virus infecte un être vivant, il faut se placer du point de vue du virus et se rappeler que ce sont des entités biologiques, soumises aux règles de l'évolution qu'on a évoquées au début de ce livre.

Il existe en permanence différentes versions d'un même virus car, comme tous les organismes, chaque virus subit des modifications aléatoires et héréditaires. Concrètement, il s'agit de changements dans la séquence de son génome, qu'on désigne sous le nom de mutations. Certaines de ces modifications vont handicaper le virus et diminuer sa capacité à se multiplier dans un contexte donné. Les virus qui les portent prolifèrent moins vite que les autres, ils deviennent donc de moins en moins nombreux et finissent par disparaître, tout comme leurs mutations. Certaines empêchent carrément le virus de se multiplier ; celui-ci finit par se désagréger et le génome qu'il porte est perdu. D'autres modifications n'ont aucun impact sur la capacité de prolifération du virus. On les qualifie de neutres et elles peuvent aléatoirement persister ou disparaître avec le temps. Enfin, il y a des mutations qui favorisent la multiplication du virus dans un environnement donné. Celles-ci sont les plus rares, mais aussi les plus importantes ! En effet, les virus qui les portent prolifèrent plus efficacement que les autres et deviennent de plus en plus nombreux, jusqu'à potentiellement finir par être la seule version existante du virus.

En résumé, les mutations apparaissent de façon aléatoire et font que chaque virus produit au cours d'une infection est un peu différent des autres. Selon la façon dont ils impactent la capacité à se multiplier du virus qui les porte, ces changements peuvent se répandre. La succession de ces phénomènes de mutation et de sélection correspond à ce que les biologistes désignent aujourd'hui sous le nom d'évolution.

Cela a deux conséquences majeures. La première est que les virus ne « choisissent » rien du tout, ils subissent passivement leur évolution. Il faut éviter de leur prêter une intentionnalité, même si cela demande parfois de faire des phrases à rallonge au lieu de choisir des formulations plus directes mais fausses[1]. La seconde est que la seule chose qui est sélectionnée au fil de l'évolution d'un virus est sa capacité à se multiplier. Pas sa capacité à rendre malade.

D'ailleurs, tous les virus ne provoquent pas de symptôme chez les organismes qu'ils infectent, loin de là. On a déjà évoqué les bactériophages à cycle lysogénique, qui peuvent cohabiter avec des bactéries sans les détruire, mais ce n'est qu'un cas parmi d'autres. Vous qui lisez ces lignes, sachez que votre corps, comme le mien, abrite actuellement plusieurs virus de type herpès qui ne vous posent vraisemblablement aucun problème. Ils vous tiennent compagnie depuis votre plus tendre enfance et vous seront fidèles jusqu'au bout, car on ne guérit pas d'un herpès. Peut-être que certains d'entre eux se manifestent de temps en temps sous la forme de boutons de fièvre, mais ils vous gênent rarement alors qu'ils sont là en permanence. Il est même possible que vous n'ayez présenté aucun symptôme au moment où ils vous ont infecté, à un âge où, comme tous les bébés, mettre des objets aléatoires dans votre bouche vous paraissait fascinant… et arrangeait bien ces virus transmissibles par la salive. Pour certains herpès, l'apparition de symptômes est l'exception plutôt que la norme.

Et les exemples de ce type sont nombreux. Le plus frappant est sans doute celui des VIS (virus de l'immunodéficience simienne), des virus de singes apparentés au VIH (virus de l'immunodéficience humaine), qui cause un sida (syndrome d'immunodéficience acquise) chez l'humain. Différentes souches de ces virus ont été caractérisées chez les singes africains et partagent une caractéristique : chaque type de VIS ne provoque pas de symptôme chez l'espèce de primate qu'il infecte habituellement, mais, s'il arrive à se transmettre à une autre espèce de singe, celle-ci développe un sida. Les chauves-souris sont également connues pour porter de nombreux virus sans que ceux-ci les rendent malades, alors qu'ils ressemblent parfois beaucoup à certains virus dangereux pour les humains. On peut notamment citer plusieurs coronavirus, proches du SARS-CoV-1 responsable du SRAS (syndrome respiratoire aigu sévère)[2], du SARS-CoV-2 responsable de la Covid-19[3], ou du MERS-CoV[4], mais aussi des filovirus (proches d'Ebola ou du virus Marburg qui, comme Ebola, provoque des fièvres hémorragiques).

Ces observations donnent l'impression que plus un virus est adapté à l'organisme qu'il infecte, moins il cause de symptômes.

Si on se place du point de vue des virus, ceux-ci ont besoin d'utiliser les outils des cellules qu'ils infectent pour se multiplier. Pour proliférer efficacement, il faut qu'ils arrivent à rentrer dans des cellules, à modifier leur fonctionnement puis à permettre aux nouveaux virus produits d'en sortir pour aller en infecter d'autres. Le tout en évitant de se faire repérer et détruire par le système immunitaire. Une fois qu'on a ce schéma général en tête, on se rend compte que plusieurs de ces étapes peuvent provoquer des symptômes si l'adaptation du virus à l'organisme n'est pas parfaite.

Tout d'abord, il paraît logique que le détournement d'une cellule puisse être à l'origine de problèmes si cela l'empêche de jouer son rôle habituel, les complications associées pouvant être aussi variées que les types de cellules concernés. On imagine également que l'étape de dissémination des nouveaux virus peut causer des soucis à l'organisme infecté. Le cas des bactéries qui meurent en explosant pour permettre la sortie des bactériophages est un extrême, mais la destruction de certaines cellules chez un organisme pluricellulaire peut aussi être problématique, qu'elles fassent partie d'un poumon humain ou d'une feuille de plant de tabac.

Enfin, certains désagréments qu'on attribue généralement aux virus sont en fait dus à notre propre système immunitaire, qui chamboule le fonctionnement de notre organisme pour nous défendre plus efficacement. C'est notamment le cas de la fièvre et des signes associés aux inflammations, comme les rougeurs chaudes, gonflées et douloureuses.

Bref, la seule caractéristique sélectionnée au cours de l'évolution des virus est leur capacité à proliférer efficacement, en exploitant un organisme donné, et il est finalement logique que la meilleure façon de cohabiter ne soit pas rendre cet hôte malade. Seulement il est très peu probable qu'un équilibre sans symptôme soit atteint dès le départ, quand un virus infecte une espèce pour la première fois. Et le temps nécessaire pour y arriver peut être extrêmement long.

Cette idée que les virus évolueraient pour ne plus rendre les individus qu'ils infectent malades a cependant été remise en question au cours des dernières décennies. En effet, de nombreuses observations montrent que souvent, malgré une très longue cohabitation entre un même virus et un même organisme, l'infection provoque toujours des symptômes. Aujourd'hui les spécialistes pensent plutôt qu'il y a un compromis entre la tolérance de l'agent infectieux par l'organisme infecté et la capacité de dissémination du virus.

En effet, ne pas déranger son hôte est un avantage pour un virus, qui pourra s'y multiplier tranquillement. Mais à un certain stade, celui-ci aura intérêt à aller infecter un nouvel individu, que ce soit pour échapper à une réponse immunitaire ou pour profiter de nouvelles ressources. À ce moment-là, les mutations susceptibles de provoquer des symptômes favorisant la dissémination, comme la toux ou les éternuements, sont sélectionnées. Le plus efficace pour un virus revient ainsi à faire un compromis entre l'absence de symptômes pour être toléré et la présence de symptômes qui permettent de se diffuser d'un individu à l'autre.

Cet ajustement n'est pas choisi volontairement par le virus, il émerge au hasard des mutations et des éventuels avantages qu'elles apportent. Certains virus provoquent des symptômes plutôt bénins mais permettant une dissémination efficace, comme ceux à l'origine des rhumes ou des gastro-entérites. D'autres ont acquis la capacité de se transmettre sans causer de désagrément, comme le VIH dans sa phase intermédiaire, justement qualifiée d'asymptomatique et qui peut durer plusieurs années, ou les herpès dont on parlait il y a quelques paragraphes. D'autres produisent des complications très caractéristiques, comme le virus de la rougeole, qui compense son manque de subtilité par une très grande capacité de transmission.

Cet énorme éventail de stratégies ne concerne pas que les virus, il s'étend à l'ensemble des parasites. Si tous n'évoluent pas pour devenir complètement asymptomatiques, ceux qui causent des problèmes graves à l'apparition rapide ont souvent eu peu de temps pour s'adapter à leur hôte. Sans compter que les espèces parasitées évoluent, elles aussi. Les individus capables de tolérer les infections ou de s'en protéger totalement sont sélectionnés et les confrontations qui se maintiennent deviennent de moins en moins violentes.

Escalader la barrière

Les virus existaient bien avant les humains et nous avons toujours interagi avec eux. Ce n'est pas une règle absolue, mais la plupart du temps les premiers contacts entre un virus et l'espèce humaine se passent de la même façon.

Un jour, un virus qui infectait initialement un autre animal se retrouve à l'intérieur d'un organisme humain. La traite manuelle d'une vache, le passage d'une souris dans une cuisine, un morceau de viande mal cuit ou une piqûre de moustique l'ont soudain propulsé dans un nouvel environnement. Une mésaventure très fréquente, dont le résultat est rarement palpitant. Les outils que le virus utilisait pour pirater les cellules animales ne lui permettent généralement pas d'exploiter celles d'un autre organisme. Il fait face à une barrière qu'il ne peut franchir et que les spécialistes appellent la « barrière d'espèce ». Impuissant, il reste de son côté et l'histoire s'arrête ici.

Mais parfois, le virus mis au pied du mur possède quelques outils d'escalade. Livrés par le hasard de l'évolution ou par un ancêtre qui avait déjà tenté une laborieuse grimpée chez l'humain, ils lui permettent de se lancer à l'assaut de la barrière. En général, le résultat n'est pas très convaincant. Le virus peut réussir son ascension et se multiplier dans une cellule humaine, mais sa progéniture est souvent incapable de poursuivre le voyage pour aller infecter d'autres individus de cette nouvelle espèce. Trop peu nombreux, bloqués dans l'organisme contaminé ou mal formés, ces virus peuvent causer des symptômes, mais, une fois au sommet de la barrière d'espèce, ils ne redescendent pas de l'autre côté. Pour eux, les humains sont des impasses.

Mais parfois, le virus qui se lance dans la varappe est bien équipé. Avec le temps, il a accumulé des outils adaptés aux cellules humaines et, après avoir escaladé la barrière d'espèce, il produit des descendants capables de continuer à avancer. Ceux-ci contaminent à leur tour de nouveaux humains : la barrière est franchie et la voie est libre. Le virus animal est devenu un virus humain, transmis d'une personne à l'autre. Cependant, la route est semée d'embûches et sa progression dans un environnement qu'il ne maîtrise pas reste généralement laborieuse. Des symptômes visibles peuvent par exemple inciter les humains à se tenir à l'écart les uns des autres. Et si le virus a du mal à exploiter ces organismes, des interactions courtes peuvent ne pas suffire à le transmettre. Même s'il a passé la barrière d'espèce, sa progression peut s'arrêter une fois que quelques personnes qui vivent ou travaillent ensemble ont été contaminées. Une petite épidémie ponctuelle et l'histoire est terminée.

Mais parfois, par malchance pour nous, le virus qui arrive jusqu'à l'humain est particulièrement bien adapté à cette nouvelle espèce, ou s'y adapte rapidement. Il franchit la barrière d'espèce sans soucis et poursuit efficacement son exploration : l'épidémie prend de l'ampleur.

Les maladies causées par des agents infectieux d'animaux qui s'adaptent à l'espèce humaine sont appelées des zoonoses. Les chercheurs pensent qu'elles représentent environ 60 % des nouvelles maladies infectieuses apparues depuis les années 1940. Ce chiffre étant sans doute plus important si on ne prend en compte que les virus, qui sont eux-mêmes à l'origine d'environ un quart de ces maladies[5]. En fait, si on remonte leur histoire évolutive suffisamment loin dans le temps, tous les virus humains actuels viennent vraisemblablement d'anciens virus animaux.

À quel point est-ce facile pour un virus de passer la barrière d'espèce et d'infecter un nouveau type d'hôtes ? Comme souvent, « ça dépend ». Certains virus sont capables de contaminer des espèces très diverses, comme celui de la rage qui touche l'ensemble des mammifères terrestres. D'autres sont beaucoup plus spécifiques, comme celui des oreillons qui semble n'infecter que les humains. Le passage de la barrière d'espèce est généralement plus facile quand les espèces concernées sont proches, comme l'humain et les grands singes, mais il y a des exceptions : certains virus grippaux peuvent par exemple passer des oiseaux aux mammifères.

D'autres paramètres favorisent l'adaptation à de nouveaux hôtes. Pour entrer dans les cellules, les virus reconnaissent des molécules spécifiques à la surface de celles-ci : ceux qui utilisent des molécules présentes chez plusieurs espèces auront donc plus de facilité à passer de l'une à l'autre. Par ailleurs, si seule une infime minorité des transmissions de virus entre deux espèces aboutit à une infection efficace du nouvel hôte, le risque que ça arrive est d'autant plus grand que les contacts sont fréquents. Un certain nombre de maladies nous viennent ainsi des animaux d'élevage (comme certaines grippes porcines, mais sans doute aussi la rougeole, il y a beaucoup plus longtemps) et des rongeurs, très nombreux dans nos zones d'habitation (par exemple certains hantavirus, qui entraînent des problèmes rénaux ou cardiopulmonaires mais se transmettent heureusement très peu entre les humains). Ces espèces servent aussi régulièrement d'intermédiaires dans la chaîne de transmission entre des animaux sauvages et les humains. Enfin, les virus présentant une grande diversité génétique s'adaptent plus facilement à de nouveaux hôtes. Car plus il existe de versions différentes d'un virus, plus il y a de chances pour que l'une d'entre elles puisse se multiplier efficacement dans l'environnement inhabituel qu'est une nouvelle espèce.

C'est sans doute pour cette dernière raison que la majorité des zoonoses virales récentes sont dues à des virus dont le génome est constitué d'ARN[6]. En effet, ceux qui possèdent un génome sous forme d'ADN détournent généralement les outils cellulaires pour en assurer la copie, mais les virus à ARN ne peuvent pas faire la même chose car les cellules sont incapables de recopier l'ARN en ARN ! Ces derniers utilisent donc leurs propres outils, qui font plus d'erreurs que ceux des cellules, et mutent ainsi beaucoup plus que les virus à ADN. Leurs génomes sont en moyenne plus petits, sans quoi le nombre d'erreurs serait trop important pour que les virus puissent rester fonctionnels[7], mais leur diversité génétique est plus grande. Ce qui leur offre plus de flexibilité pour s'adapter à de nouvelles espèces.

Le VIH est particulièrement remarquable de ce point de vue. On estime qu'il y a autant de diversité génétique chez un patient atteint de VIH que pour la grippe à l'échelle de l'ensemble de la population humaine ! Une propriété impressionnante à laquelle on doit plusieurs échecs médicaux. C'est cette diversité qui rend si difficile la mise au point d'un vaccin efficace, et c'est en partie elle qui fait qu'on ne peut pour l'instant pas traiter les patients de façon définitive[8]. Il n'est pas impossible qu'elle ait aussi joué un rôle dans l'adaptation à l'humain des virus de singes apparentés aux VIH. Au pluriel. Car si on parle habituellement « du » VIH, il en existe en fait plusieurs.

Il y a deux grandes catégories de VIH, le VIH-1 et le VIH-2, et quatre sous-types de VIH-1 : M, N, O et P. La pandémie actuelle est principalement due au VIH-1 de type M. Son passage à l'humain daterait des années 1920, à Kinshasa, même si l'épidémie n'a réellement pris de l'ampleur que dans les années 1980[9]. Mais si ce type de VIH est de loin celui qui cause le plus de dégâts à l'échelle mondiale, ce n'est qu'une zoonose terriblement efficace parmi d'autres : une douzaine de passages indépendants de la barrière d'espèce ayant donné lieu à l'apparition de VIH à partir de virus de singes ont déjà été caractérisés. Et ils ont sans doute été facilités par la grande variabilité génétique de ces virus.

Globalement, s'il est possible d'identifier des facteurs qui favorisent le passage de certains virus à l'humain, aucun ne constitue une règle d'or. Le hasard joue un rôle important à chaque étape de l'adaptation, qui peut être plus ou moins progressive. Mais quand on liste les virus qui ont récemment commencé à infecter notre espèce, ils paraissent terriblement nombreux. Les zoonoses deviendraient-elles de plus en plus fréquentes ?

De plus en plus d'épidémies ?

De nombreux rapports estiment qu'il y a effectivement plus de nouvelles maladies infectieuses qu'avant. Ils doivent néanmoins être considérés avec prudence pour une raison simple : on n'a pas de données anciennes fiables avec lesquelles comparer la situation actuelle.

On détecte aujourd'hui très efficacement les nouvelles maladies, ainsi que les retours plus ou moins réguliers d'infections trop peu adaptées à l'humain pour s'installer durablement dans la population. D'une part grâce au développement des réseaux de surveillance médicale. D'autre part grâce aux progrès des techniques de laboratoire, dont le séquençage des génomes, qui permet d'identifier les virus et devient chaque jour plus rapide et moins cher.

Pour se rendre compte de la vitesse à laquelle ces technologies progressent, comparons le suivi des deux dernières pandémies virales. Celle causée par le VIH a été détectée en 1981. Il a fallu attendre 1983 pour que le virus responsable soit identifié, 1984 pour trouver quelle molécule il utilise pour entrer dans les cellules humaines, 1985 pour que son génome soit entièrement séquencé et 1993 pour réussir à détecter directement le virus dans le sang des patients. Les premiers tests de dépistage, utilisés à partir de 1985, repéraient quant à eux les anticorps produits par l'organisme suite à l'infection.

En comparaison, le premier cas de Covid-19 a été détecté le 8 décembre 2019. Un mois plus tard, le SARS-CoV-2, virus responsable de cette maladie, était déjà isolé. Il n'a fallu que quelques jours supplémentaires pour que son génome soit séquencé et partagé aux chercheurs du monde entier, le 12 janvier 2020. Ce qui a immédiatement conduit à la mise au point de tests permettant de mesurer la quantité de virus dans des prélèvements effectués chez des patients, en général au niveau de l'appareil respiratoire. Le 24 février 2020, moins de trois mois après avoir repéré une nouvelle maladie, les chercheurs confirmaient l'identité de la molécule utilisée par le virus correspondant pour entrer dans les cellules humaines. Pendant ce temps, la progression de la pandémie pouvait être suivie quasiment en temps réel par n'importe quelle personne ayant accès à Internet.

Il a ainsi fallu un mois pour passer de la découverte de la maladie au séquençage du génome du virus impliqué, alors que cela avait pris quatre ans pour le VIH. Et quelques jours pour mettre au point un test de diagnostic quantitatif à partir de cette séquence contre huit ans pour le VIH. De plus, l'analyse des génomes de différents échantillons du VIH et du SARS-CoV-2 montre que la maladie causée par le premier a été détectée plus de soixante ans après son adaptation aux humains, alors que celle provoquée par le second a été repérée quasiment tout de suite par les médecins chinois.

Cette vitesse de réaction impressionnante s'explique en partie par le traumatisme que ce pays a subi avec l'épidémie de SRAS de 2002-2003, après laquelle un important système de surveillance médicale a été mis en place. Il n'empêche que les exemples du VIH/sida et du SARS-CoV-2/Covid-19 illustrent de manière frappante l'amélioration des moyens de détection et d'étude des nouvelles maladies en une quarantaine d'années. Autre prouesse inattendue : des vaccins protégeant efficacement des formes graves de Covid-19 ont été développés très rapidement. Les premiers étaient disponibles moins d'un an après l'identification du virus impliqué, battant tous les records ! Plusieurs technologies vaccinales ont donné des résultats satisfaisants, et certaines ont même été adaptées à l'évolution du virus. On aurait pu espérer un effet plus marqué de ces vaccins sur la transmission du SARS-CoV-2, qu'ils limitent sans vraiment l'empêcher, mais ils sont efficaces sur les symptômes et leur mise au point rapide reste une véritable prouesse. N'oublions pas qu'une quarantaine d'années après la découverte du VIH, malgré de nombreux faux espoirs, il n'existe toujours pas de vaccin efficace contre ce virus à l'impressionnante diversité génétique.

Au-delà des différences technologiques, la comparaison entre les fréquences anciennes et actuelles des zoonoses est compliquée par le bouleversement qu'a connu le paysage des maladies infectieuses au cours du XXe siècle.

Un chiffre suffit à le percevoir. En 1906, en France, les maladies infectieuses étaient à l'origine d'environ un décès sur cinq, alors qu'en 1990 elles représentaient moins d'un décès sur cinquante[10]. On doit ce renversement aux améliorations globales de l'hygiène et des techniques médicales, en particulier le développement et la démocratisation de deux outils : les antibiotiques, qui ont fait drastiquement diminuer la mortalité due aux bactéries, et les vaccins.

Ainsi, non seulement il est plus facile d'isoler et de caractériser les nouveaux agents infectieux avec les moyens actuels, mais les maladies qu'ils provoquent sont aussi plus pratiques à repérer parce qu'elles ne sont plus noyées dans un flot continu d'infections aux symptômes peu spécifiques.

Cela dit, même en restant prudents sur les comparaisons avec le passé, les spécialistes ont de bonnes raisons de penser que les nouvelles maladies, notamment virales, sont de plus en plus nombreuses.

Essentiellement parce que les contacts fréquents entre humains et animaux augmentent la probabilité qu'un virus passe efficacement d'une espèce à l'autre.

Les situations susceptibles de provoquer des rencontres plus régulières peuvent donc être considérées comme des facteurs de risque et elles sont de plus en plus répandues. À commencer par tous les phénomènes qui poussent les animaux sauvages à modifier leurs comportements et à croiser plus fréquemment la route des humains. De la déforestation au réchauffement climatique, ces perturbations se cumulent et concernent un grand nombre d'écosystèmes. À cela s'ajoute le fait que, même lorsque les animaux sauvages conservent à peu près leurs habitudes, ce sont parfois les humains qui viennent à leur rencontre, par exemple en urbanisant des zones anciennement non habitées.

Enfin, la dernière étape de l'installation d'un virus dans la population humaine est de réussir à se propager efficacement. Ce qui peut être grandement facilité par l'existence de zones densément peuplées reliées par des moyens de transport rapides. Ce n'est pas par hasard ou par malchance que plusieurs épidémies récentes ont semblé émerger de grands centres urbains. Les virus qui les atteignent bénéficient de nombreux contacts entre beaucoup de personnes différentes, qui sont autant d'occasions de s'adapter aux humains. Et la surveillance médicale y est globalement meilleure qu'en zone rurale, ce qui rend les nouvelles maladies plus faciles à repérer. L'existence de lignes d'avion directes entre des villes situées sur des continents différents accélère par ailleurs la diffusion des infections à l'échelle planétaire. L'exemple du SRAS, passé directement de la Chine au Canada, était frappant. Celui de la Covid-19, plus insidieusement contagieuse[11] et qui s'est répandue en quelques semaines sur cinq continents, souligne que cette dispersion rapide n'était pas un malheureux hasard.

Que les zoonoses soient plus fréquentes qu'avant ou non, elles sont nombreuses aujourd'hui. Huit types de virus[12] ont à eux seuls causé plus d'une cinquantaine d'épidémies, par de nouveaux passages de l'animal à l'humain, entre 2003 et 2013. Ces événements ne sont pas tous catastrophiques, leur gravité et leur ampleur sont au contraire très variables, de quelques cas localisés à la conquête rapide de plusieurs continents. Mais cela ne change rien au fait que ce chiffre paraît énorme et il est effectivement non négligeable. Pour le remettre en perspective, il faut se rappeler que chaque jour, un peu partout dans le monde, des virus animaux se retrouvent à l'intérieur de corps humains[13]. Même si chacune de ces situations est un désastre potentiel, la fréquence à laquelle elles donnent effectivement lieu à l'adaptation d'un virus à une nouvelle espèce est minuscule.

Faut-il avoir peur du pergélisol ?

Dans un autre registre, le « retour à la vie » d'anciens virus considérés comme disparus est une possibilité souvent évoquée par les médias. Le pergélisol (ou *permafrost*, en anglais) est ainsi régulièrement accusé d'être une source potentielle de terribles virus destructeurs. Ce terme désigne l'ensemble des sols qui n'ont pas dégelé depuis au moins deux ans, ce qui correspond mine de rien à 20 % des terres émergées de notre planète. La majorité des surfaces concernées se trouvent dans les régions polaires, mais il y a aussi du pergélisol dans certaines montagnes comme les Alpes. Peu accessible, mystérieux et susceptible d'abriter beaucoup de choses, cet immense congélateur mondial est-il vraiment une source d'inquiétude pour les virologues ?

Des personnes tuées par des maladies infectieuses y ayant été enterrées, le pergélisol contient effectivement des virus dangereux. Comme celui de la grippe responsable de la pandémie qui a suivi la Première Guerre mondiale, dite grippe espagnole, qui a causé des dizaines de millions de morts. Ainsi que celui de la variole, dont on se réjouit d'avoir stoppé la propagation. Et sans doute des tas d'autres qu'on ne connaît pas et qui pourraient infecter les humains mais aussi d'autres animaux, des plantes ou des micro-organismes.

On sait que le froid est un bon moyen de conserver les virus. C'est d'ailleurs celui qu'on utilise en laboratoire, où la congélation permet de les garder infectieux pendant des décennies. Des scientifiques ont même réussi à isoler un virus d'amibe toujours capable de proliférer à partir de pergélisol vieux de plus de 30 000 ans ! Et j'ai bien conscience que tout cela doit vous paraître plus angoissant qu'enthousiasmant. Pourtant de nombreux scientifiques pensent qu'il ne faut pas trop s'inquiéter des virus nichés dans le pergélisol.

En voici la raison principale : les virus sont conservés efficacement dans le sol glacé mais souffrent de l'étape de décongélation. En laboratoire on se débrouille pour que celle-ci soit rapide et on met immédiatement les virus au contact de cellules à infecter. Or le dégel du pergélisol est un phénomène lent. Même s'il s'accélère avec le réchauffement climatique, quelques minutes ne suffisent pas à décongeler ces sols généralement profonds[14]. Quand bien même un dégel très rapide se produirait, les pergélisols restent des sols, pas des couches de glace. Leur décongélation peut parfois provoquer des mouvements de terrain assez spectaculaires, mais ils restent solides, leur contenu ne s'écoule pas en direction d'organismes susceptibles d'être infectés.

Pour qu'un virus conservé dans du pergélisol puisse contaminer une personne, il faudrait que celle-ci se retrouve à proximité directe d'une zone jamais dégelée qui vient d'être exposée à des températures suffisantes pour provoquer sa décongélation rapide. Ce n'est pas strictement impossible, surtout quand des opérations de forage sont mises en place pour récupérer des ressources dans le pergélisol, mais cela reste peu probable.

Beaucoup de virologues, et les chercheurs de nombreuses autres disciplines, considèrent surtout ces sols gelés comme un immense stock d'archives, dans lesquelles sont conservés des échantillons riches d'informations. Même s'ils restent globalement inaccessibles. Les scientifiques qui ont tenté d'extraire des virus humains du pergélisol n'ont jamais réussi à en récupérer de fonctionnels.

Le Suédois Johan Hutin a pourtant été particulièrement persévérant. Il a, à deux reprises, organisé des prélèvements dans la fosse commune d'un petit village d'Alaska lourdement touché par la grippe espagnole. En 1951, il a ainsi récupéré plusieurs échantillons de poumons de personnes tuées par ce virus, sans réussir à en isoler quoi que ce soit. En 1997, à l'âge de 72 ans, il est retourné sur place pour aider des chercheurs qui essayaient de séquencer le génome du virus. Il a fait de nouveaux prélèvements qu'il a envoyés à ses collaborateurs. Ils ont réussi à y récupérer de l'ARN viral et à reconstituer le génome de cette souche de grippe particulièrement agressive, ce qui a permis de l'étudier. Mais aucun virus humain n'a pu être isolé à partir du pergélisol, alors que tout était fait pour y arriver.

Voilà pourquoi les virus contenus par ces sols gelés ne me paraissent pas particulièrement inquiétants. Ce qui ne veut pas dire que le pergélisol ne recèle aucun danger. Pendant l'été 2016, la libération de bactéries à partir d'une vieille carcasse de renne, gelée depuis des décennies, a provoqué une épidémie d'anthrax sur la péninsule de Yamal, en Sibérie. Elle n'a conduit qu'à un décès humain et a surtout touché des rennes, mais elle rappelle que les virus sont loin d'être les seuls agents infectieux. Certaines bactéries sont bien plus résistantes qu'eux aux conditions de congélation et décongélation propres au pergélisol et sont donc plus susceptibles de causer des épidémies. Il y a cependant des chances pour qu'elles soient assez anciennes pour ne pas être résistantes aux antibiotiques actuellement disponibles, ce qui permettrait de gérer relativement facilement des foyers infectieux causés par le dégel.

La vraie menace du pergélisol est ailleurs. Ces étendues glacées sont d'énormes réservoirs de carbone, qui se libère en partie du sol au moment de sa décongélation et se retrouve dans l'atmosphère sous forme de gaz à effet de serre, notamment de CO_2 et de méthane. Plus le climat se réchauffe, plus le pergélisol dégèle, plus il libère de gaz à effet de serre… qui accentuent le réchauffement climatique. Cet effet d'amplification est d'autant plus alarmant qu'il commence tout juste à être pris en compte, de façon très simplifiée, dans les modèles d'évolution du climat : notre mauvaise connaissance du pergélisol et de son comportement complique les prédictions.

Bref, que des virus puissent en sortir ou non, le pergélisol est une source d'inquiétude pour la communauté scientifique et devrait également l'être pour les citoyens. Mais revenons à nos micro-organismes !

Les virus, des squatteurs de génome

Certains virus causent des maladies mortelles, ce qui les a conduits à sculpter l'évolution de nombreuses espèces, dont la nôtre. En faisant disparaître des individus, ils réduisent mécaniquement la diversité génétique existante et peuvent faire basculer des situations. On pense par exemple que la conquête du continent américain par les colons européens a été grandement facilitée par la sensibilité des populations locales aux maladies arrivées depuis l'autre côté de l'Atlantique.

Par ailleurs, même si la médecine moderne atténue cet effet, les virus soumettent nos organismes à une pression évolutive constante : les individus les mieux équipés pour leur résister ont plus de chance de survivre, donc de transmettre les gènes qui permettent de fabriquer leurs outils de défense. Les virus évoluent en permanence pour s'adapter à leurs hôtes, et inversement.

Mais il est temps d'arrêter de réduire les virus à leur caractère pathogène[15] ! Leur rôle comme moteurs de l'évolution va bien au-delà de leur capacité à provoquer des maladies. Venons-en à ce dont je voulais vous parler dans ce chapitre avant qu'une pandémie ne m'oblige à un aparté.

D'une bactérie à l'autre

À la fin du premier chapitre, je vous expliquais que l'étude des bactéries avait permis de découvrir que, contrairement à ce qu'on pensait, toutes les transmissions de gènes ne se font pas verticalement, d'un organisme parent à un organisme enfant. Il existe également des transferts qualifiés d'horizontaux, dans lesquels des portions de génome sont échangées entre deux individus de la même génération, qui n'ont pas forcément de lien de parenté… voire n'appartiennent pas à la même espèce. Ce phénomène a été mis en évidence chez les bactéries, dont nous allons donc un peu parler. Mais il concerne de nombreux autres organismes, et les virus n'y sont pas pour rien !

Il existe trois mécanismes de transferts horizontaux de gènes entre les bactéries, tous découverts avant qu'on ne connaisse la structure de l'ADN. Ils permettent l'acquisition rapide des capacités correspondant aux gènes récupérés et les bactéries concernées peuvent par exemple se mettre à produire des toxines ou devenir résistantes aux antibiotiques.

Le premier à avoir été identifié est la transformation, au cours de laquelle les bactéries captent des molécules d'ADN qui se trouvent dans leur environnement puis les intègrent dans leur génome. La caractérisation de ce phénomène en 1944 a révolutionné notre vision des bactéries, auparavant considérées comme des organismes se multipliant de façon clonale, sans diversité génétique. Elle a aussi marqué un chercheur américain âgé de seulement 18 ans, à qui on doit la découverte des deux autres types de transferts horizontaux de gènes : Joshua Lederberg.

Celui-ci tentait à l'époque de mettre en évidence des échanges de gènes entre des bactéries de l'espèce *Escherichia coli*. Il utilisait pour cela des souches particulières, incapables de produire elles-mêmes une substance nécessaire à leur prolifération, en l'occurrence certains acides aminés. Prenons quelques lignes pour détailler le principe de ces expériences.

Lederberg travaillait sur des bactéries qui avaient besoin à la fois des molécules A et B pour se multiplier. Il utilisait d'un côté une souche de bactéries capables de produire A mais incapables de produire B, qui ne pouvaient donc proliférer que dans un milieu de culture contenant B. Et de l'autre, l'inverse : des bactéries capables de produire B mais incapables de produire A et qui avaient besoin d'un milieu de culture contenant A pour se multiplier. Lederberg mettait en contact ces deux types de bactéries en espérant que certaines finiraient par se développer dans un milieu ne contenant ni A ni B. Ce qui n'aurait été possible que si une bactérie avait récupéré, à partir de l'autre souche, la capacité de fabriquer la molécule dont elle était jusque-là dépendante. Suivre l'acquisition de compétences était une technique courante pour détecter les transferts de gènes, à une époque où les outils génétiques directs n'existaient pas.

Deux ans passent et Lederberg n'obtient pas les recombinaisons génétiques espérées. Son responsable lui propose alors de collaborer avec son propre mentor, Edward Tatum, bactériologiste qui disposait de souches bactériennes beaucoup plus variées. Ce travail commun est lancé fin mars 1946 et quelques semaines suffisent à Lederberg et Tatum pour observer des recombinaisons génétiques. Une longue période d'échecs – au cours de laquelle les expérimentateurs ont développé leurs outils et leurs compétences techniques – a été suivie d'un rapide succès. Un rythme très courant dans la recherche.

Deux ans après la découverte de la transformation bactérienne par de l'ADN libre, Lederberg et Tatum mettent ainsi à jour un autre mécanisme de transfert horizontal de gènes. Quelques années supplémentaires et le travail de plusieurs équipes de recherche ont permis de mieux comprendre ce qu'on appelle aujourd'hui la conjugaison bactérienne. En résumé, un tube se forme pour relier deux bactéries. Une portion d'ADN présente dans l'une d'entre elles est copiée puis transmise directement à la seconde par le tube. Ce processus est orienté, avec une bactérie donneuse et une bactérie receveuse.

Mais Lederberg ne s'est pas désintéressé de la génétique bactérienne après avoir découvert la conjugaison, loin de là.

En 1947, il a été recruté à l'université du Wisconsin où il a dirigé pendant plusieurs années une petite équipe de recherche qui rassemblait notamment deux étudiants et… sa femme : Esther Zimmer (devenue Lederberg). Les contributions de celle-ci à la compréhension de la génétique bactérienne, à la fois techniques et conceptuelles, sont majeures. Malheureusement, elle a été bien moins reconnue que son mari pour son travail[16].

Au début des années 1950, cette équipe réalise une variante de ses expériences habituelles de conjugaison bactérienne. Au lieu de placer deux souches de bactéries, chacune incapable de produire certaines molécules, en contact direct l'une avec l'autre, elles sont mises de chaque côté d'un tube en forme de U dont les deux moitiés sont séparées par un filtre. Celui-ci permet au milieu de culture dans lequel baignent les bactéries de circuler d'un côté à l'autre mais bloque les bactéries elles-mêmes, qui ne peuvent pas se toucher. Les bactéries présentes de chaque côté du tube sont ensuite récupérées séparément et placées dans un milieu de culture ne contenant pas les produits que les bactéries initiales étaient incapables de fabriquer.

Lederberg et son équipe ne s'attendaient pas à observer de transfert de gène, la conjugaison nécessitant un contact direct rendu impossible dans cette expérience. Et pourtant ! Ils constatent que certaines bactéries d'une des deux souches ont récupéré les capacités de la seconde. Ils viennent de découvrir un troisième processus de transfert horizontal de gènes, qu'ils baptisent transduction. Il leur faudra un peu de temps pour comprendre son mécanisme, mais deux indices vous ont peut-être mis la puce à l'oreille. J'ai pris la peine de détailler cette expérience… et l'échange s'y déroule à travers un filtre. Il y a des virus dans le coup !

Lederberg et son équipe font rapidement le lien entre ce qu'ils observent et la présence de discrets bactériophages en cycle lysogénique dans certaines des bactéries qu'ils ont utilisées. La transduction correspond au transfert de gènes entre deux bactéries par l'intermédiaire de particules mobiles et, comme Lederberg l'écrit dès 1952 : « Il semble raisonnable de considérer que les particules sont des bactériophages. » Autrement dit les virus ne transportent pas que leur propre génome, ils peuvent parfois embarquer une partie de celui des cellules qu'ils infectent.

Excédent de bagages et piraterie

On connaît aujourd'hui deux types de transductions bactériennes. L'une d'entre elles, la transduction spécialisée, est due aux bactériophages lysogéniques. Lorsque ces derniers se mettent à proliférer, leur génome doit être séparé de celui de la bactérie et la coupure correspondante n'est pas toujours bien placée. Un morceau d'ADN bactérien est parfois récupéré au passage, comme un excédent de bagage que le virus transportera ensuite d'une bactérie à l'autre. Dans ce cas le bactériophage ne peut transporter que certaines zones du génome bactérien : celles qui bordaient son propre génome.

Par opposition à cette transduction spécialisée, la transduction généralisée peut concerner n'importe quelle partie du génome de la bactérie. Ce phénomène met en jeu des mécanismes plus complexes, dans le détail desquels je ne vais pas entrer ici, qui conduisent certaines particules virales à embarquer un morceau de l'ADN de la bactérie à la place de leur propre génome. La seule contrainte est que ce nouveau bagage doit être assez petit pour pouvoir tenir dans un bactériophage.

C'est ce mécanisme de transduction généralisée que Lederberg et son équipe ont observé au début des années 1950. Il est en effet relativement répandu : on estime aujourd'hui qu'environ 1 % des bactériophages contiennent de l'ADN bactérien à la place du génome viral. Un événement d'infection tous les 100 millions aboutirait ainsi à un transfert horizontal de gène, soit dix par milliard de contaminations. Cette fréquence paraît peu impressionnante, mais il faut savoir que les bactéries et les bactériophages sont extrêmement nombreux sur notre planète.

Asseyez-vous si ce n'est pas déjà fait, les chiffres donnent le tournis. On pense qu'il y a environ 10^{31} particules virales de bactériophages sur notre planète. Un 1 suivi de 31 zéros. Soit, en gros, 100 millions de bactériophages pour chaque grain de sable sur Terre, ou pour chaque étoile dans notre univers observable[17]. Qui, rien que dans les océans, donnent lieu à 20 millions de milliards de transductions de bactéries… chaque seconde. Tout de suite, ça a l'air beaucoup moins anecdotique.

On pense aujourd'hui que la transduction bactérienne est le principal mécanisme de transferts horizontaux de gènes. Contrairement à la conjugaison, elle peut avoir lieu à distance, sans contact entre les bactéries. Et l'ADN n'y est pas directement exposé dans le milieu extérieur où il peut être dégradé, comme pour la transformation, mais protégé dans une particule virale.

Les transferts horizontaux en général et la transduction en particulier influencent fortement l'évolution des bactéries. En récupérant directement des gènes entiers, ces organismes peuvent acquérir de nouvelles capacités sans passer par le mécanisme habituel d'acquisition et sélection de mutations aléatoires, qui est beaucoup plus long.

Ces compétences rapidement transférées d'une bactérie à l'autre peuvent causer des problèmes de santé humaine. C'est notamment le cas des gènes de résistance aux antibiotiques, dont la dissémination diminue l'efficacité des molécules antibactériennes. Mais les bactériophages peuvent être impliqués de façon beaucoup plus directe ! En effet, leurs propres génomes codent parfois pour des protéines qui rendent les bactéries plus dangereuses pour les organismes qu'elles infectent.

Certaines sont directement nocives, comme les toxines à l'origine de la diphtérie, du choléra ou du botulisme. D'autres ont des mécanismes d'action plus complexes, qui permettent aux bactéries d'échapper plus efficacement au système immunitaire, de mieux se fixer à la surface des cellules ou de survivre après y être entrées. Tous ces composés, produits à partir de gènes de bactériophages, ne sont exprimés que par les bactéries dans lesquelles ces virus se sont installés en cycle lysogénique. C'est par exemple pour cela que toutes les bactéries de l'espèce *Staphylococcus aureus*, plus connues sous le nom de staphylocoques dorés, n'ont pas le même effet sur les humains : leur dangerosité dépend des bactériophages qu'elles portent.

Lorsque des bactéries contaminent un organisme, les virus qui les infectent elles-mêmes peuvent ainsi devenir leurs alliés. En effet, si une bactérie contenant un bactériophage lysogénique se multiplie, le virus prolifère avec elle. Peu importe que ça se fasse au détriment d'une troisième entité. Mais lorsque la bactérie est en difficulté, par exemple après un traitement antibiotique, le bactériophage peut passer d'un piratage doux à un piratage agressif, en recommençant à proliférer aux dépens de la bactérie. Évidemment, les virus ne prennent pas consciemment ce genre de décision, ce sont des comportements qui ont été sélectionnés parce qu'ils sont avantageux. Il n'empêche qu'on peut y voir un bel exemple d'opportunisme.

Cela dit, les bactéries ne sont pas en reste. En plus de profiter de la transduction, elles piratent activement les capacités de transferts de gènes de leurs propres bactériophages. Après l'arroseur arrosé, voilà le parasite parasité.

Les virus sont d'excellents transporteurs de gènes, capables de faire synthétiser aux cellules qu'ils infectent des structures dans lesquelles leur génome pourra tranquillement circuler d'un organisme à l'autre. Certains fragments de l'ADN des bactéries peuvent en tirer profit ! Ils détectent la production des bactériophages et y installent des copies d'eux-mêmes à la place du génome viral pour se disséminer d'une bactérie à l'autre. Les mécanismes en jeu sont encore mal compris mais on ne peut clairement plus résumer les interactions entre les bactéries et leurs virus au seul phénomène d'infection. C'est une vraie petite jungle d'échanges horizontaux, mélange de collaboration et de piratage, et les biologistes qui essaient d'en établir la nomenclature ont de quoi faire !

L'agitation des génomes

Il y aurait de quoi écrire un livre entier sur les interactions entre les bactéries et leurs virus, ce qu'elles peuvent apporter ou coûter à ces deux types d'organismes et la course à l'armement permanente par laquelle chacun essaie de contrecarrer l'autre.

La découverte récente la plus médiatisée dans ce domaine est celle faite en 2012 par les équipes de la

Française Emmanuelle Charpentier et de l'Américaine Jennifer Doudna. À savoir la compréhension du système de défense antiviral CRISPR-Cas, un acronyme obscur pour *clustered regularly interspaced short palindromic repeats* (courtes séquences palindromiques répétées, regroupées et régulièrement espacées)/ *CRISPR-associated protein* (protéine associée à des CRISPR). Pour simplifier, les CRISPR sont des parties du génome bactérien qui contiennent notamment des petites séquences identiques à des portions de génome de bactériophages, à partir desquelles la bactérie produit des molécules d'ARN. Si un des virus concernés infecte la bactérie, son génome va être reconnu par les ARN CRISPR qui lui correspondent et coupé par les protéines Cas, ce qui met fin à l'infection. Grâce à Charpentier et Doudna, cette protection présente chez les bactéries et les archées est désormais utilisée comme outil d'édition génétique. Une révolution biotechnologique à double tranchant, car riche de promesses mais aussi de dérives éthiques potentielles, qui a cristallisé l'attention des médias. L'intérêt des chercheurs pour le système CRISPR-Cas a également débouché sur plusieurs découvertes marquantes concernant les interactions entre les bactéries et leurs virus. Il existe par exemple un bactériophage qui possède son propre système CRISPR-Cas et l'utilise pour bloquer un mécanisme bactérien de défense antivirale.

Si on prend du recul sur les différents éléments évoqués dans ces dernières pages, deux points essentiels en ressortent et aucun d'entre eux n'est spécifique des bactéries : les génomes des virus peuvent parfois s'installer directement dans le génome des organismes qu'ils infectent… et il existe des séquences d'informations génétiques capables de se multiplier indépendamment du reste du génome. Et de se déplacer. Les séquences bactériennes qui piratent les bactériophages pour se disséminer n'en sont qu'un exemple ; certains gènes de résistance aux antibiotiques partagent également cette caractéristique. Il existe en fait toute une nomenclature de ce qu'on appelle les « éléments génétiques mobiles ».

Les premiers éléments génétiques mobiles n'ont pas été identifiés chez les bactéries mais chez le maïs, par l'éminente généticienne Barbara McClintock, à la fin des années 1940. Soit une époque où les scientifiques n'étaient toujours pas convaincus que l'information génétique soit portée par l'ADN et où on n'avait pas la moindre idée de la structure de cette molécule ou de la façon dont elle code de l'information. Une vraie prouesse ! Il faudra cependant attendre l'accumulation de données supplémentaires et un certain nombre d'années voire de décennies pour que la communauté scientifique finisse par accepter l'idée *a priori* incroyable que certaines séquences génétiques sont capables de se déplacer dans un génome.

Cela semble pourtant concerner toutes les entités biologiques, qu'il s'agisse de procaryotes, d'eucaryotes… ou de virus ! Si on s'intéresse au génome humain, les premières estimations faites au moment de son séquençage et publiées en 2001 arrivaient à 45 % d'éléments génétiques mobiles. Une évaluation régulièrement revue à la hausse, certaines études considérant que cela pourrait aller jusqu'à deux tiers de notre génome. Un chiffre qui devient encore plus vertigineux si on le compare à la proportion de véritables gènes, qui s'expriment pour donner des protéines… et correspondent à moins de 2 % de la longueur totale du génome humain.

Je vous laisse apprécier le contraste.

On connaît de mieux en mieux les séquences génétiques mobiles présentes dans les génomes de différents organismes. Leurs nombres, leurs localisations, leurs impacts évolutifs et leurs mécanismes de transposition sont décortiqués. Mais un mystère demeure : on ne sait pas d'où elles viennent.

Or certains de ces éléments mobiles ressemblent beaucoup à des virus. D'ailleurs, s'il ne passe pas en cycle lytique, un bactériophage lysogénique est difficile à différencier de certaines séquences bactériennes. Il existe donc d'un côté des virus transportant des gènes, qui ne sont pas toujours les leurs, entre des organismes, et de l'autre des portions d'information génétique capables de se déplacer à l'intérieur des génomes. Certaines d'entre elles ressemblant beaucoup à des virus.

Si à la lecture de ce constat vous vous dites qu'il y a peut-être un lien entre les deux, félicitations : vos interrogations rejoignent celles des chercheurs. Est-ce que les éléments génétiques mobiles sont des vestiges d'anciens virus ? Est-ce que les virus sont des anciens éléments génétiques mobiles qui se sont émancipés ? On ne sait pas, et il sera sans doute difficile de trancher. Notamment parce qu'on n'a pas accès à beaucoup de données intermédiaires : on connaît les séquences installées dans les génomes telles qu'elles sont aujourd'hui, mais pas telles qu'elles étaient au moment de leurs précédents déplacements ou de leur première arrivée. Or, si celle-ci est ancienne, les changements peuvent être nombreux. Et il en est de même pour les virus : on connaît ceux d'aujourd'hui, mais pas ceux d'hier.

Des virus bien installés

Ces entités biologiques sont difficiles à étudier à de longues échelles temporelles. On peut espérer en retrouver dans des prélèvements biologiques qui ont quelques dizaines d'années[18] ou, avec beaucoup de chance et de précautions, réussir à séquencer des génomes viraux à partir de pièces de musée encore plus anciennes. Le plus vieux génome connu du virus de la rougeole a par exemple été récupéré à partir de poumons datant de 1912, conservés dans du formol dans les collections d'un musée de Berlin. Mais plus les échantillons sont anciens, moins il y a de chance pour qu'ils contiennent encore des acides nucléiques en bon état. Contrairement à d'autres organismes plus volumineux, les virus ne fossilisent pas dans la nature. On pourrait espérer en trouver de très anciens dans le pergélisol, mais c'est un endroit difficile à fouiller…

Il aura fallu attendre les progrès du séquençage de génomes et des analyses bio-informatiques pour qu'une autre ressource devienne accessible aux chercheurs et leur permette d'étudier l'évolution virale à de grandes échelles temporelles. Car, de temps en temps et grâce à des mécanismes qui varient selon le type de virus, un génome viral se retrouve inséré dans le génome de la cellule qu'il infecte. Lorsque cette cellule fait partie de la lignée germinale, c'est-à-dire celle qui donne naissance aux gamètes, cette nouvelle pièce d'information génétique peut être transmise verticalement, d'une génération à l'autre, chez les organismes pluricellulaires dont la reproduction est sexuée[19]. Cela donne lieu à l'accumulation progressive de séquences virales à l'intérieur des génomes cellulaires, qu'on qualifie, pour employer le bon terme, de virus endogènes.

On peut faire une analogie entre ces restes de virus installés dans les génomes d'autres organismes et quelque chose de plus familier : à quelques particularités près, ce sont des fossiles de virus ! D'ailleurs, ils font partie des objets d'étude d'une discipline récente baptisée paléovirologie. À l'image de la paléontologie qui retrace l'histoire évolutive des êtres vivants, la paléovirologie s'intéresse à l'histoire évolutive des virus.

Comme pour la transduction bactérienne, ce serait une erreur de penser que les insertions durables de séquences virales dans un génome sont anecdotiques. Et encore, celles qu'on observe aujourd'hui ne représentent qu'une partie des ajouts : les virus endogènes sont soumis à la sélection naturelle et ceux qui sont défavorables pour l'organisme qui les porte disparaissent avec lui.

Sachant cela, à votre avis, combien de fossiles de virus trouve-t-on dans le génome humain ? N'hésitez pas à vraiment réfléchir à une réponse. En attendant je vous rappelle que ces virus endogènes sont un type d'éléments génétiques mobiles parmi d'autres. Et que, selon les estimations, ces éléments génétiques mobiles constituent entre la moitié et les deux tiers de notre génome.

Vous êtes prêts ? Il y a en gros un demi-million de génomes de virus conservés dans le génome humain ! En comptant uniquement les séquences qui ressemblent à des virus connus. Il y a sans doute des fossiles de virus qu'on n'a pas identifiés comme tels parce qu'ils ne ressemblent à aucun virus répertorié. En effet, pour chercher des virus endogènes, les scientifiques comparent le génome analysé aux différents génomes de virus connus. On n'a aucun moyen de savoir si une séquence qui ne ressemble à rien d'existant pourrait être issue d'un type de virus disparu entretemps. C'est comme si, en paléontologie, on n'avait accès qu'aux fossiles qui évoquent des espèces actuelles : on en louperait beaucoup. Ce demi-million est donc une estimation basse.

Cette abondance est une source d'information formidable pour les paléovirologues. Elle permet d'avoir une meilleure idée de l'histoire évolutive de certains types de virus. On a par exemple découvert des versions endogènes de virus chez des animaux qui ne sont plus, aujourd'hui, infectés par les virus apparentés à ces fossiles. Ce qui montre que les hôtes sensibles à ces parasites ont changé au fil du temps. On a aussi trouvé des versions endogènes de virus beaucoup plus anciennes[20] que la date d'apparition auparavant estimée pour la famille virale concernée. Certains virus ont ainsi bondi de plusieurs millions voire dizaines de millions d'années dans le passé.

Par ailleurs, en paléovirologie, « Jurassic Park » n'est pas une fiction. En effet, les virus sont des organismes bien moins complexes que les dinosaures et leurs génomes sont mieux conservés dans nos génomes à nous que ceux des dinosaures ne le sont dans des moustiques piégés dans l'ambre. Il est donc tout à fait possible de reconstruire des virus disparus, si la séquence de leur génome est connue. Cela a déjà été fait. Mais l'objectif n'était pas de les mettre au contact de visiteurs dans un parc touristique. Ces virus ont été étudiés en laboratoire pour reconstruire leur cycle de multiplication et le comparer à ceux de virus apparentés actuellement en circulation, l'ensemble permettant de mieux comprendre leur histoire évolutive. Pas de quoi faire un scénario de film catastrophe, même s'il reste important de prendre toutes les précautions possibles pour que, contrairement aux dinosaures, ces virus ne quittent pas leurs espaces sécurisés.

En plus d'être intéressants pour les chercheurs, les virus endogènes jouent un rôle important dans l'évolution des organismes qui les hébergent, c'est-à-dire tous ceux chez qui on en a cherché. En effet, chacun de ces virus est une source de nouvelles fonctions potentielles. Aujourd'hui la majeure partie d'entre eux ont été inactivés, par l'accumulation passive de mutations au fil du temps[21] ou par des mécanismes actifs de contrôle mis en place par la cellule. Mais pas tous.

L'expression de certains gènes de virus endogènes peut être réactivée dans des cas particuliers, et de plus en plus d'études font le lien entre ce retour à la vie de fossiles pas si fossilisés et différentes affections, comme des cancers, des troubles neurologiques ou des maladies auto-immunes. D'autres gènes de virus endogènes ont manifestement été préservés et n'ont pas accumulé de mutations, ce qui suggère qu'ils sont toujours utiles. De nombreux gènes viraux ont en fait été détournés de leur fonction d'origine et en remplissent une nouvelle, bénéfique pour l'individu qui les porte. Ce changement de rôle porte le doux nom d'exaptation et peut concerner aussi bien des gènes que des organes[22]. Les virus endogènes semblent être une source inépuisable d'exemples, plus fascinants les uns que les autres !

Détournement de gènes

L'étude du détournement des gènes viraux n'a débuté que récemment, grâce aux progrès des analyses de séquences génétiques, mais elle a déjà abouti à plusieurs découvertes remarquables. Avant de vous raconter ma préférée, il faut que je vous présente un type de virus dont nous sommes particulièrement proches…

Le monde des rétrovirus

Plus on s'intéresse aux virus endogènes, plus on en trouve. Chez des organismes très différents, allant des primates aux algues en passant par les poissons et les insectes, et appartenant à des familles virales variées. Mais chez les humains, et les vertébrés en général, l'immense majorité des insertions est due à un seul type de virus : les rétrovirus. Ce nom ne vous est peut-être pas familier, mais vous connaissez au moins un membre de cette famille, que j'ai déjà évoqué et qui a malheureusement acquis une certaine notoriété depuis les années 1980 : le VIH est un rétrovirus.

Si la plupart de nos virus endogènes en sont des cousins éloignés, c'est parce que les rétrovirus ont une particularité : au cours de leur cycle de reproduction, ils insèrent leur génome dans celui des cellules qu'ils piratent. La probabilité qu'un tel événement se produise dans les cellules reproductrices d'un vertébré est donc plus élevée pour ces virus que pour les autres. Il suffit qu'ils infectent une cellule germinale pour que leur génome s'y installe et puisse être transmis à la descendance.

En plus de cela, les rétrovirus possèdent des outils qui leur permettent de recopier leur génome et de l'intégrer dans celui d'une cellule. Ils peuvent donc potentiellement continuer à le faire après être devenus des virus endogènes. Certains génèrent ainsi plusieurs copies d'eux-mêmes, ce qui les rend très envahissants.

On estime aujourd'hui que les séquences dérivées de rétrovirus représentent 8 % du génome humain… qui contient moins de 2 % de gènes. Voilà qui incite à la modestie : il y a au moins quatre fois plus de génomes de rétrovirus que de gènes humains dans notre ADN.

Ces rétrovirus endogènes nous accompagnent depuis tellement longtemps que la plupart d'entre eux sont identiques chez l'ensemble des êtres humains. Seuls quelques-uns[23] dérogent à cette règle, ou bien car ils ont disparu de certains génomes, ou bien car ils sont suffisamment récents[24] pour n'être apparus que chez une partie de la population, mais ce dernier cas est extrêmement rare. En revanche on observe encore régulièrement l'apparition de nouveaux rétrovirus endogènes chez différentes espèces de rongeurs, sans qu'on sache pourquoi ces événements sont plus ou moins fréquents selon les vertébrés.

En tout cas, aucun des rétrovirus endogènes humains connus ne semble encore capable de se copier et de s'insérer de façon autonome, ni de permettre la production de particules virales. Mais certains d'entre eux possèdent des gènes dont l'expression est toujours possible et c'est la clé de l'histoire que je veux vous raconter. Il est grand temps de vous en présenter les protagonistes plus en détail, en commençant par celui que nous venons d'évoquer : qu'est-ce qu'un rétrovirus ?

Chaque généralisation implique des simplifications, mais on peut dresser un portrait-robot assez fidèle de cette famille de virus, infectant les vertébrés et qu'on trouve à peu près partout sur notre planète. Les particules virales des rétrovirus sont des sphères d'environ 100 nanomètres de diamètre. Pour essayer de visualiser ce que cela représente, on pourrait en faire rentrer 10000 dans 1 millimètre. Elles contiennent quatre éléments principaux : le génome viral, des protéines impliquées dans la formation des particules virales et qualifiées de structurales, des protéines qui interviennent à d'autres moments du cycle viral, dites non structurales, ainsi qu'une enveloppe lipidique, c'est-à-dire une couche de gras qui délimite les particules virales.

Si on pelait l'une d'entre elles comme un oignon pour observer ses composants de l'extérieur vers l'intérieur – il faudrait des doigts minuscules et des yeux surpuissants, mais supposons ! –, voici ce qu'on observerait. La surface est composée d'une couche de lipides, l'enveloppe virale, qui est arrachée aux cellules infectées au moment de la libération des rétrovirus. Y sont parsemées des protéines identiques les unes aux autres que les spécialistes, avec une créativité très représentative du talent des biologistes pour la nomenclature, appellent les protéines d'enveloppe. Celles-ci sont le seul élément viral exposé lorsque des rétrovirus circulent dans un organisme et elles jouent un rôle essentiel. Elles permettent l'entrée du virus dans la cellule qu'il infecte, en provoquant la fusion de la couche extérieure du virus avec la couche extérieure de la cellule. Cette fusion est déclenchée en présence de protéines spécifiques, qu'on ne trouve qu'à la surface de certaines cellules et avec lesquelles la protéine d'enveloppe des rétrovirus interagit comme une clé avec une serrure. C'est notamment cette correspondance clé-serrure qui fait que chaque virus n'est capable d'infecter que certains types de cellules.

Sous l'enveloppe des rétrovirus, il y a deux couches successives de protéines structurales, entre lesquelles peuvent se balader certaines protéines non structurales. À l'intérieur, enfin, on trouve la plupart des éléments qui seront nécessaires aux premières étapes de l'infection une fois le virus entré dans la cellule. À savoir quelques protéines non structurales, comme celle qui recopie le génome viral et celle qui l'insère dans le génome cellulaire. Mais aussi, protégé par une nouvelle couche de protéines structurales, le génome des rétrovirus.

Chaque particule de rétrovirus contient deux molécules d'ARN[25], mais une seule est effectivement utilisée au cours du cycle de multiplication. La longueur et le contenu du génome varient selon les rétrovirus. Globalement, celui-ci correspond à une chaîne de 7 000 à 11 000 caractères[26] de long et contient trois gènes principaux. Le gène Gag permet la production des protéines structurales du virus. Le gène Pol code pour certaines protéines non structurales. Et le gène Env permet la synthèse des protéines d'enveloppe. À cela s'ajoutent d'autres gènes, plus courts et aux mécanismes d'expression un peu différents, qui permettent la fabrication du reste des protéines non structurales. Le tout est encadré par deux séquences régulatrices identiques baptisées LTR pour *long terminal repeats*. Celles-ci sont des interrupteurs qui provoquent l'expression des gènes du virus et qui ont la particularité d'agir sur toutes les séquences qui les entourent. C'est-à-dire les séquences virales mais aussi les séquences cellulaires au niveau desquelles le génome viral vient s'insérer.

Chercher des rétrovirus endogènes revient à scruter les génomes pour y repérer des éléments caractéristiques de ces virus, à savoir les gènes Gag, Pol, Env et les LTR. Le premier protagoniste de notre histoire est un rétrovirus endogène dont le gène Env est encore capable de s'exprimer, dans un contexte très particulier. Le second personnage… C'est vous. Car oui, vous qui lisez ce livre, vous avez déjà utilisé un gène de virus. Et vous l'avez fait avant même de naître. Mais trêve de suspens, le décor est planté, passons à l'action !

Fusion et placenta

En février 2000, un article est publié dans la prestigieuse revue *Nature*. Des chercheurs qui travaillaient dans une entreprise de biotechnologies ont, au hasard d'un projet de recensement de protéines libérées par différents types de cellules humaines, été intrigués par l'une d'entre elles. En effet, elle a la particularité d'être la protéine d'enveloppe d'un rétrovirus endogène et d'être produite dans des cellules humaines. Et pas n'importe lesquelles.

Parmi la vingtaine de tissus testés, allant du rein à l'estomac en passant par la moelle épinière, il n'y en a qu'un dans lequel la protéine est présente en quantité : le placenta. Et plus exactement une partie du placenta produite par le fœtus, qui constitue l'interface entre les cellules maternelles et les cellules embryonnaires et qu'on appelle le syncytiotrophoblaste. Désolée, on ne m'a pas demandé mon avis avant de choisir ce nom. Cela dit, il a un sens : le syncytiotrophoblaste est formé à partir de cellules d'un tissu particulier, le trophoblaste (du grec *trephein*, « nourrir »), qui fusionnent pour former un syncytium (du grec *sun*, « ensemble », et *kutos*, « cellule »)[27]. Le syncytiotrophoblaste, comme son nom l'indique aux personnes calées en étymologie, est donc un ensemble de cellules qui ont fusionné pour produire un tissu placentaire essentiel à la nutrition du fœtus. Et dans lequel s'exprime la protéine d'enveloppe d'un rétrovirus endogène, que les auteurs de cette découverte ont baptisé « syncytine ».

C'était déjà intéressant qu'un des rares vestiges de rétrovirus contenu dans notre génome, qui soit encore dans un état suffisamment bon pour s'exprimer, le fasse à un endroit aussi important pour notre développement que le placenta. Mais ce n'est que le début de l'histoire ! Je vous expliquais qu'une des fonctions habituelles des protéines d'enveloppe des rétrovirus est de permettre à l'enveloppe virale de fusionner avec la couche externe de la cellule. Découvrir que la syncytine s'exprime précisément dans un tissu formé par la fusion de plusieurs cellules a donc interpellé les auteurs de l'étude de 2000.

Est-ce que cette syncytine est capable d'induire la fusion des cellules du trophoblaste ? Les premières expériences, réalisées *in vitro* sur des cellules proches de celles du trophoblaste, ont rapidement amené à penser que oui.

Depuis l'identification de cette syncytine il y a vingt ans, les découvertes se sont enchaînées. On sait quelle molécule-serrure est reconnue par la syncytine-clé pour permettre la fusion des cellules du placenta. On connaît l'interrupteur génétique qui active l'expression de la syncytine dans cet organe. On sait que la séquence de ce gène de rétrovirus varie très peu entre les humains, ce qui montre qu'il est important : quand des changements apparaissent, leur impact est généralement négatif et ils sont éliminés. D'ailleurs, de nombreux travaux suggèrent qu'il pourrait y avoir un lien entre des problèmes d'expression de la syncytine et certaines complications de la grossesse.

Mais surtout : on sait aujourd'hui qu'il n'y a pas qu'une seule syncytine, loin de là.

Une équipe de recherche française a consacré beaucoup d'énergie ces dernières années à rechercher des syncytines et à reconstruire l'histoire évolutive de ces molécules. Il s'agit de celle dirigée par Thierry Heidmann, à l'institut Gustave-Roussy, au sein de laquelle une vingtaine de personnes ont conjugué leurs efforts.

En 2003, l'équipe d'Heidmann découvre une seconde syncytine chez l'humain. Spécifiquement exprimée dans le placenta, capable d'induire la fusion de cellules et correspondant au gène d'enveloppe d'un rétrovirus endogène, les chercheurs proposent de l'appeler syncytine 2 et de changer le nom de la précédente syncytine en syncytine 1.

Mais le placenta n'est pas un organe propre aux humains, il est partagé par quasiment tous les mammifères. On peut en fait distinguer trois catégories de mammifères en fonction du degré de développement de leurs placentas. Les monotrèmes n'en ont pas, ce sont des mammifères qui pondent : les ornithorynques et les échidnés. Les marsupiaux ont un placenta assez simple, qui permet un court développement *in utero* des embryons. Lorsqu'ils naissent, ils se déplacent pour continuer leur croissance dans une sorte de poche maternelle, pourvue de mamelles. Enfin, les mammifères placentaires, dont nous faisons partie, ont des placentas développés permettant d'assurer *in utero* l'entièreté du développement des embryons. Dans tout ça, qui possède des syncytines ?

Pour commencer les humains, et d'autres primates, qui expriment les syncytines 1 et 2 qu'on a déjà évoquées. Mais l'équipe de Thierry Heidmann a également identifié des syncytines chez différents rongeurs en 2005 et 2014, chez certains léporidés[28] en 2009, chez l'ensemble des carnivores en 2012, chez les ruminants en 2013, chez les tenrécidés[29] en 2014 et même chez les opossums, qui sont des marsupiaux, en 2015.

Ces différentes syncytines ne sont pas produites par les mêmes rétrovirus endogènes. Chaque type d'animaux semble avoir les siennes et la datation des virus endogènes correspondants montre qu'il s'agit d'acquisitions progressives et indépendantes.

Beaucoup de mammifères possèdent donc des syncytines, y compris des marsupiaux dont le développement embryonnaire est très court. Et les espèces chez lesquelles aucune protéine de ce type n'a été identifiée sont surtout celles où on n'en a pas cherché pour l'instant. Les rétrovirus endogènes semblent ainsi avoir joué un rôle essentiel dans l'apparition du placenta et de la viviparité, la capacité à se reproduire en laissant grandir les embryons à l'intérieur du corps de leur mère[30]. Au point que certaines de leurs protéines sont toujours nécessaires à la mise en place et au bon fonctionnement du placenta !

Mais une chose coince : l'ensemble des données disponibles concernant l'évolution des mammifères montre que ces animaux ont divergé à partir d'un même ancêtre commun. Et, à l'exception des monotrèmes, tous les mammifères sont vivipares. Il semble donc peu probable que cette caractéristique puisse être due à un gène qui serait apparu de façon indépendante chez différents mammifères, après la séparation de leurs trajectoires évolutives. Comment concilier la découverte des syncytines et l'histoire de l'évolution de ces animaux ?

Une histoire évolutive à reconstruire

La découverte de nouveaux fossiles amène parfois les paléontologues à revoir le scénario qu'ils proposent concernant l'évolution de certaines espèces, pour prendre en compte les nouvelles informations à leur disposition. Mais ces scénarios s'appuient sur des observations si nombreuses qu'il est rare qu'un seul élément discordant amène à totalement les chambouler. En général, ajuster un peu certaines parties de l'histoire suffit à obtenir un ensemble cohérent avec les observations[31]. C'est ce qui s'est passé en paléovirologie avec la découverte des syncytines.

On estime, à partir de nombreux éléments, que le placenta aurait été développé par les ancêtres des mammifères placentaires et marsupiaux il y a au moins 190 millions d'années. Or les syncytines qu'on a observées jusqu'à maintenant sont beaucoup plus récentes. La syncytine 1 humaine aurait 25 millions d'années contre plutôt 45 pour la syncytine 2. Des dates assez proches de celles estimées pour la syncytine des ruminants, apparue il y a plus de 30 millions d'années, ou pour les syncytines de souris, il y a plus de 25 millions d'années. La syncytine des lapins serait encore plus récente, avec une apparition il y a environ 12 millions d'années. Contrairement à la syncytine des carnivores, particulièrement ancienne, qui remonterait à 80 millions d'années… Ce qui reste beaucoup plus récent que l'apparition du placenta. Ces syncytines, aujourd'hui essentielles à la formation et au bon fonctionnement des placentas des mammifères concernés, n'existaient pas au moment de l'apparition de cet organe.

L'hypothèse aujourd'hui privilégiée par les chercheurs est que l'apparition du placenta chez l'ancêtre des mammifères serait bien due à la récupération et l'exaptation d'une unique protéine d'enveloppe d'un rétrovirus endogène. Puis, au fur et à mesure de l'évolution et de la diversification des mammifères, l'arrivée d'autres rétrovirus endogènes aurait permis l'acquisition de nouvelles syncytines, différentes selon les lignées. Un événement pas si improbable, puisque notre génome contient des centaines de milliers de virus endogènes. Avec le temps, ces nouvelles syncytines auraient remplacé l'ancienne, qui existe sans doute encore dans le génome de la plupart des mammifères. Seulement, n'étant plus indispensable, elle a accumulé les mutations et est devenue difficile à repérer par les chercheurs. Il y a peut-être même eu des syncytines intermédiaires entre la toute première et les actuelles, dont des versions plus ou moins abîmées se trouvent encore dans les génomes des animaux concernés. En version courte : les syncytines actives aujourd'hui auraient pris le relais d'autres syncytines, plus anciennes, dont l'activité aurait depuis été perdue et que des mutations rendraient plus difficiles à identifier.

Pour faire un parallèle avec quelque chose de plus facile à imaginer, c'est une forme de domestication. Au départ, à un endroit du monde, une population a domestiqué un gène de virus qui lui a permis de produire un placenta. Au fil du temps, les descendants de cette population ont domestiqué d'autres gènes capables de faire la même chose, peut-être en mieux, et ont abandonné l'ancien. Si bien qu'aujourd'hui chaque communauté issue de cette population ancestrale fabrique son placenta en utilisant son propre gène de virus domestiqué, différent de celui des autres.

Cette hypothèse de remplacement des syncytines au fil de l'évolution des mammifères n'est pas qu'une vue de l'esprit. Si personne n'est encore remonté à *la* première syncytine, ce qui est peut-être impossible, plusieurs syncytines, qu'on pourrait considérer comme abandonnées ou en cours d'abandon, ont été identifiées.

En cherchant des gènes similaires aux syncytines humaines connues, on a repéré trois autres protéines d'enveloppe virales aux caractéristiques proches, mais qui ne peuvent être considérées comme des syncytines. L'une d'elles est capable d'induire la fusion cellulaire et est conservée chez plusieurs primates, mais elle est très peu produite par l'organisme, sans spécificité liée au placenta. Une autre, fortement exprimée dans le placenta, a été raccourcie par une mutation qu'on retrouve chez de nombreux primates et n'a plus d'activité de fusion. Un pour cent des humains en possèdent une version encore plus courte et elle a même totalement disparu chez les gorilles, ce qui suggère qu'elle n'est plus indispensable dans la formation du placenta. La troisième, apparue chez les primates il y a plus de 45 millions d'années, a perdu la capacité d'induire la fusion des cellules chez les humains et certains primates… mais pas chez d'autres, pour lesquels elle semble toujours jouer le rôle de syncytine. D'ailleurs, ceux-là ne possèdent pas de version fonctionnelle de la syncytine 1. En étudiant les syncytines des primates, on observe exactement ce à quoi on s'attend si on suppose que les syncytines se remplacent les unes les autres, au gré de l'évolution des mammifères !

Des données du même type ressortent de l'étude des syncytines de marsupiaux. Car, en 2015, l'équipe de Thierry Heidmann n'a pas seulement identifié une syncytine active chez une partie des marsupiaux. Elle a aussi repéré deux autres gènes d'enveloppe de rétrovirus endogènes. Un n'est présent que chez deux espèces étroitement apparentées et son arrivée semble particulièrement récente : le virus associé est encore capable de produire des particules virales au niveau du placenta. L'autre, au contraire, est très ancien. Partagé par l'ensemble des marsupiaux, il aurait entre 80 et 190 millions d'années, mais ne possède plus d'activité de fusion et ne s'exprime plus beaucoup dans le placenta. Est-ce que les chercheurs sont tombés, chez une même espèce d'opossum, sur une ancienne syncytine, une syncytine actuelle et une potentielle syncytine en devenir ? Difficile d'en être sûrs, mais cela y ressemble.

Accusons le coup. Nous, et les autres mammifères, devons vraisemblablement notre mode de reproduction vivipare à des gènes de virus que nous avons domestiqués. Si vous aviez toujours considéré les virus comme des entités néfastes, tout juste bonnes à vous rendre malade, ça ne doit pas être évident à encaisser… même si ça fait déjà un certain nombre de pages que j'essaie de vous faire voir les choses autrement. Mais j'espère que vous avez repris votre souffle, parce que nous ne sommes toujours pas au bout de l'histoire des syncytines.

Conséquences et causes inattendues

Il n'est pas évident, pour des raisons pratiques et éthiques, d'étudier la structure des placentas des différents mammifères. C'est néanmoins un des éléments utilisés pour essayer de mieux comprendre l'histoire évolutive de ces animaux. Sans parler des marsupiaux et les monotrèmes, il existe en effet différents types de placentas chez les mammifères placentaires. Selon leur structure, ils permettent des contacts plus ou moins étroits entre l'organisme de la mère et celui du fœtus.

On pourrait s'attendre à ce que plus des mammifères sont proches sur le plan évolutif, plus leurs placentas se ressemblent. Mais ce n'est pas toujours le cas. Nos propres placentas ont par exemple une structure plus proche de ceux des rongeurs que de ceux de certains primates, comme les lémuriens. C'est d'autant plus difficile à expliquer qu'on ne comprend pas très bien la régulation de la formation du placenta.

La découverte des syncytines a apporté un nouvel éclairage à ce problème, car elles seraient directement impliquées dans les fusions cellulaires nécessaires à la mise en place de certains placentas. L'importance de ces fusions variant d'un type de placenta à l'autre, il est tentant de supposer que les syncytines jouent un rôle dans les différences morphologiques observées. En plus, leur histoire évolutive en passage de relais pourrait facilement expliquer pourquoi des animaux proches du point de vue évolutif ont des placentas différents : l'acquisition d'une nouvelle syncytine changerait la morphologie du placenta de l'espèce concernée. C'est une hypothèse intéressante, mais il existe peu de données pour évaluer sa véracité. Cependant quelques éléments suggèrent un rôle des syncytines dans la diversité des types de placenta.

Pour commencer, quand cela a été testé, on a constaté que les syncytines sont effectivement essentielles à la formation du placenta. L'équipe d'Heidmann l'a montré pour les souris en 2011. Ces animaux possèdent deux syncytines et leur placenta comprend deux couches de syncytiotrophoblaste. En supprimant indépendamment chaque syncytine, les chercheurs ont observé que chacune est impliquée dans la formation d'une des couches de syncytiotrophoblaste.

On sait par ailleurs que le placenta possède une grande diversité morphologique par rapport aux autres organes des mammifères… et les syncytines sont elles-mêmes plus variables d'une espèce à l'autre que de nombreux gènes. Enfin, il y a quelques exemples de corrélations entre la présence d'une syncytine donnée et une morphologie de placenta spécifique. C'est notamment le cas des ruminants, qui ont des placentas différents de ceux des autres mammifères et dont on sait depuis 2013 qu'ils possèdent une syncytine qui leur est propre. On observe la même chose chez les hyènes, qui ont un placenta différent de ceux des autres carnivores et chez lesquelles une syncytine spécifique a été identifiée en 2019, en plus de celle que possèdent tous les carnivores.

Ces données restent préliminaires. Il faudra évidemment plus de résultats pour déterminer le point auquel les syncytines sont responsables de la diversité de la morphologie des placentas des mammifères. Les corrélations observées ne prouvent pas l'existence d'un lien de cause à effet et la découverte de placentas différents chez des animaux aux syncytines similaires pourrait affaiblir l'hypothèse. Mais les informations actuellement disponibles invitent à creuser le sujet !

Repartons en arrière dans le temps et, au lieu de nous intéresser aux différents mammifères qui existent aujourd'hui, interrogeons-nous sur un de leurs ancêtres communs : le premier mammifère à être devenu vivipare. Avant d'envisager l'apparition d'un organe dédié comme le placenta, à votre avis, quelle barrière cet animal a-t-il dû franchir pour passer de l'oviparité à la viviparité ? On n'y pense pas, nous qui appartenons à une espèce pour qui c'est tout naturel, mais cela nécessite en fait de relever un défi colossal.

Pour s'en rendre compte, il faut se rappeler ce qui arrive en temps normal quand notre organisme est confronté à une entité qu'il identifie comme différente de lui. Qu'il s'agisse d'un virus, d'une bactérie ou d'une greffe, la conséquence est la même : si on ne l'en empêche pas, notre système immunitaire se mobilise pour essayer d'éliminer l'intrus. D'ailleurs, hors cas particuliers, un patient qui reçoit une greffe doit ensuite prendre, à vie, des traitements pour éviter que celle-ci ne soit rejetée par son corps.

Or, pour se reproduire de façon vivipare, il faut que l'organisme de la mère tolère, pendant plusieurs semaines voire plusieurs mois, une entité biologique différente d'elle-même. Avec laquelle elle se retrouve en plus en contact particulièrement étroit, puisqu'elle assure sa nutrition, son apport en oxygène et l'évacuation de ses déchets.

La première étape de l'apparition de la viviparité a ainsi vraisemblablement été l'acquisition de mécanismes permettant de réguler l'activité du système immunitaire de la mère, pour qu'elle puisse supporter le fœtus. Le rapport avec les syncytines n'est pas évident à ce stade. Mais rappelez-vous qu'il s'agit à la base de protéines d'enveloppe virales, localisées à la surface des rétrovirus et donc directement exposées aux assauts du système immunitaire.

Il nous est toujours impossible de remonter le temps pour aller voir à quoi ressemblait le premier mammifère vivipare et il faudra nous contenter d'hypothèses, qui restent à démontrer. Mais certaines protéines d'enveloppe sont capables de diminuer l'action du système immunitaire. Et la plupart des syncytines fonctionnelles connues ont conservé cette activité qu'on qualifie d'immunosuppressive. De là à supposer que le premier intérêt de leur domestication soit non pas la formation d'un placenta mais l'aide à la tolérance immunitaire de l'embryon, il n'y a qu'un pas.

Certaines découvertes donnent envie de le franchir. Si on s'intéresse aux syncytines qui n'ont pas d'effet régulateur sur le système immunitaire, on constate que les organismes qui les possèdent en ont systématiquement une autre, qui remplit cette fonction. La syncytine 1 humaine et la syncytine A des rongeurs, non immunosuppressives, sont ainsi complétées respectivement par les syncytines 2 et B, qui le sont. À l'inverse, certains organismes possèdent des simili-syncytines, qui n'ont pas d'activité de fusion mais diminuent l'efficacité du système immunitaire. C'est le cas de la plus ancienne syncytine des marsupiaux et de la syncytine raccourcie des primates, qui a été perdue chez les gorilles.

Il existe aussi, chez différents mammifères, des protéines qui rappellent les syncytines dont je ne vous ai pas encore parlé. Ce sont également des enveloppes de rétrovirus, qui s'expriment dans le placenta mais ne permettent pas de faire fusionner des cellules. Elles sont pourtant préservées par les organismes qui les hébergent et n'accumulent pas de mutations. Elles remplissent donc une fonction liée au placenta, qui n'a pas encore été identifiée et qui n'a rien à voir avec la fusion des cellules. Peut-être en lien avec une activité immunosuppressive ?

La viviparité, et au-delà !

Il est aujourd'hui clair que notre reproduction vivipare ne pourrait avoir lieu si, en tant que fœtus humains, nous n'utilisions pas une protéine virale pour la mise en place du syncytiotrophoblaste, partie essentielle du placenta qui nous a accompagnés pendant nos premiers mois d'existence. Il y a des chances pour que ces syncytines ne se contentent pas de jouer un rôle structural en permettant la fusion de certaines cellules, influençant au passage la morphologie du placenta. Un certain nombre d'éléments suggèrent qu'elles pourraient également contribuer à franchir le principal obstacle à la viviparité, en aidant l'organisme de la mère à tolérer celui de l'embryon. Il est possible que ces syncytines aient été impliquées dès le départ, permettant l'apparition de la reproduction vivipare et placentaire chez l'ancêtre commun des mammifères.

À défaut d'avoir pu assister à cet événement, les scientifiques essayent d'évaluer le point auquel les syncytines sont indispensables à la mise en place de la viviparité en s'intéressant à ses apparitions… ailleurs que chez les mammifères. Oui, le vivant est tellement peu respectueux des boîtes dans lesquelles on essaie de le classer que non seulement tous les mammifères ne sont pas vivipares[32], mais en plus tous les vivipares ne sont pas des mammifères. Alors que la viviparité reste une des caractéristiques principales des mammifères. Bref. Il existe un certain nombre d'animaux qui ne sont pas des mammifères mais qui sont quand même vivipares. Leur particularité est que les autres animaux dont ils sont proches sur le plan évolutif, eux, sont ovipares. Ce qui amène à conclure que la viviparité est apparue plusieurs fois, de façon indépendante, au cours de l'évolution des êtres vivants.

Est-ce que, chez les animaux qui n'ont rien à voir avec les mammifères, l'acquisition d'une reproduction vivipare est également liée à la domestication de gènes viraux ? Répondre à cette question nécessite de s'intéresser à des espèces très différentes les unes des autres et qu'on ne connaît pas forcément bien, allant des poissons cartilagineux aux amphibiens. Il faudra patienter avant d'y voir plus clair, mais l'équipe de Thierry Heidmann a présenté ses premiers résultats sur le sujet en 2017.

Ils ont étudié les lézards du genre *Mabuya*, qui sont vivipares et possèdent un placenta dont la formation implique la fusion de cellules de la mère. L'analyse des gènes exprimés dans ce placenta a mis en évidence quatre enveloppes de rétrovirus, dont les séquences suggèrent qu'elles sont immunosuppressives. Une seule de ces potentielles syncytines est en fait produite en grande quantité dans le placenta[33], ce qui a focalisé sur elle l'attention des chercheurs. Identifiée à partir d'une espèce, elle est conservée chez tous les lézards du genre *Mabuya*. Elle s'exprime dans le placenta, aussi bien dans les cellules du fœtus que dans celles de la mère, et elle permet la fusion de cellules. Autrement dit : des lézards vivipares possèdent eux aussi une syncytine !

Parallèlement à ces questions sur l'importance des syncytines dans l'apparition de la viviparité, les spécialistes s'interrogent sur le rôle de ces protéines virales dans la formation des tissus qui nécessitent la fusion de plusieurs cellules. En effet, le placenta est loin d'être le seul syncytium présent dans nos organismes et, forcément, cela donne envie d'aller voir si les syncytines sont impliquées dans les autres.

Des résultats particulièrement intéressants ont été obtenus à propos de la formation des muscles squelettiques. Comme leur nom l'indique, ceux-ci sont fixés sur notre squelette et nous permettent, entre autres, de nous déplacer. Ils sont formés de plusieurs faisceaux de fibres musculaires, chacune de ces fibres résultant de la fusion de plusieurs cellules appelées myoblastes (du grec *mus*, signifiant « muscle »). Cette étape de fusion, essentielle mais dont la régulation n'est pas encore complètement comprise, a lieu au cours de la formation du muscle et lorsque celui-ci se répare après une blessure.

Pour étudier le rôle des syncytines dans ce mécanisme, les chercheurs de l'équipe d'Heidmann ont profité des souris génétiquement modifiées qu'ils avaient déjà utilisées pour démontrer l'importance de ces protéines dans la formation du placenta. À savoir des animaux n'exprimant plus le gène de la syncytine B[34]. Les souriceaux de ce type présentent un retard de croissance à la naissance et leur poids est réduit de 20 % par rapport à la normale. Cela pourrait être dû aux dysfonctionnements de leur placenta, perturbé par une syncytine manquante. Et ce retard est effectivement rattrapé en quelques semaines par les femelles… mais pas par les mâles. Chez ces animaux, un problème persiste, indépendamment de leur développement embryonnaire.

En comparant la longueur de différents os, la masse de plusieurs muscles squelettiques et celle de deux organes (le rein et le cœur, ce dernier étant un muscle non squelettique, dont la formation ne nécessite pas de fusion de cellules), on constate que les souris mâles dépourvues de syncytine B ne sont différentes des autres qu'en matière de masse musculaire. En fait, les muscles squelettiques de ces souris contiennent le même nombre de fibres musculaires que ceux des souris normales, mais ces fibres ont un diamètre plus petit et sont issues de la fusion de moins de cellules[35]. Ces données indiquent que la syncytine B joue un rôle dans la fusion des myoblastes lors de la formation des fibres musculaires. Les chercheurs ont également provoqué chez les souris de petites lésions, nécessitant une réparation musculaire. Ils ont constaté que de la syncytine B est produite au niveau de la zone en réparation chez les souris mâles normales et que les souris mâles dépourvues de syncytine B produisent ici aussi des fibres musculaires de diamètre réduit.

Ainsi, la syncytine B jouerait un rôle dans la fusion des myoblastes, lors de la formation des muscles et de leur réparation, mais uniquement chez les souris mâles. L'absence du gène correspondant n'a aucun impact sur les muscles des souris femelles. C'est un bon exemple de découverte qui, en répondant à une question, en soulève beaucoup d'autres ! Est-ce qu'une hormone sexuelle mâle est responsable de la surexpression du gène de la syncytine B dans les muscles des souris de ce sexe ? Une stimulation spécifique des syncytines explique-t-elle la différence globale de masse musculaire entre les souris mâles et femelles ? Ces observations peuvent-elles être généralisées à l'ensemble des mammifères ? Affaire à suivre.

Des données très préliminaires, obtenues par l'équipe d'Heidmann en 2016, suggèrent que les syncytines pourraient également jouer un rôle dans la fusion des myoblastes chez les humains, les moutons et les chiens. Mais il faut rester prudents et ne pas extrapoler trop rapidement des résultats obtenus en étudiant des cellules dans des boîtes en plastique.

C'est une limite qui s'applique d'ailleurs à l'étude du rôle des syncytines dans deux autres types de syncytiums[36]. Ceux-ci sont issus de la fusion de certains précurseurs de globules blancs, qui peut aboutir à la formation de structures responsables de la régression du tissu osseux ou de cellules géantes impliquées dans la réponse immunitaire inflammatoire. Plusieurs expériences réalisées *in vitro* montrent un rôle des syncytines dans ce contexte, chez l'humain et chez la souris. Mais les souris n'exprimant pas la syncytine B ne semblent présenter aucune anomalie des tissus concernés. Il faudra plus de résultats pour savoir où s'arrête le rôle des syncytines.

Un exemple parmi d'autres

J'aime l'exemple des syncytines pour plusieurs raisons, que j'espère avoir réussi à partager avec vous. Il nous concerne tous, amène à s'interroger sur l'histoire évolutive des espèces et des gènes et donne envie de fouiller les génomes à la recherche de virus endogènes, comme les paléontologues fouillent le sol à la recherche de fossiles. Il est aussi une belle illustration de recherche en train de se faire, avec des découvertes qui s'enchaînent en ce moment même, soulèvent de nouvelles questions et donnent terriblement envie de connaître la suite !

Mais ne prenez pas les syncytines pour un cas particulièrement exceptionnel de domestication de gènes viraux. Elles ne sont en fait qu'un exemple parmi beaucoup d'autres.

Virus et reproduction

Toujours dans la thématique « virus et reproduction », mais avec une approche plus violente, il y aurait beaucoup à dire sur le cas des guêpes parasitoïdes. Les larves de celles-ci ont pour particularité de se nourrir des corps d'autres arthropodes[37] et les œufs dont elles sortent sont parfois pondus directement à l'intérieur de ces organismes. Les larves de la guêpe y grandissent et s'y développent jusqu'à en sortir pour poursuivre leur cycle de vie. Ce phénomène parasitaire est très répandu et, si les espèces concernées sont encore mal répertoriées, les spécialistes estiment qu'il en existe des dizaines voire des centaines de milliers !

Mais pour se développer tranquillement à l'intérieur d'un autre organisme, les œufs et larves des guêpes doivent contrecarrer son système immunitaire. La problématique n'est pas sans rappeler celle de la reproduction vivipare. Ici aussi les virus, habitués à détourner les défenses des organismes qu'ils infectent, peuvent être des alliés précieux. En l'occurrence, la situation est encore plus impressionnante que celle des syncytines, car certaines guêpes parasitoïdes n'exploitent pas juste un gène viral mais des virus quasiment entiers et fonctionnels.

Différentes espèces de guêpes ont domestiqué divers types de virus de façon indépendante, mais le principe général reste le même. Des génomes de virus intégrés aux génomes des guêpes permettent de produire des particules virales, spécifiquement dans les organes reproducteurs des guêpes femelles. Elles sont ainsi injectées avec les œufs au moment de la ponte, dans ou sur un arthropode, dont elles contrecarrent la réponse immunitaire pour l'obliger à tolérer les œufs puis les larves des guêpes.

Toutes n'ont évidemment pas été étudiées en détail, mais des milliers d'espèces de guêpes parasitoïdes pourraient ainsi utiliser des virus pour leur reproduction. Une cohabitation bien établie, car certains des génomes viraux concernés se seraient intégrés à ceux des guêpes il y a 100 millions d'années. Oui, même s'ils sont encore capables de former des particules virales dans certaines conditions, il s'agit bien de virus endogènes et pas de virus indépendants coopérant avec les guêpes. En effet, les gènes nécessaires à la fabrication des virus ne sont pas embarqués dans les particules virales injectées aux chenilles ! Si bien que les cellules des arthropodes parasités, une fois infectées, ne produisent pas elles-mêmes de nouveaux virus.

Les particules virales fabriquées par les guêpes femelles sont des outils qui permettent de faire tolérer leurs descendants, mais les virus impliqués ne peuvent pas eux-mêmes se multiplier dans les victimes. En bons virus endogènes, ils ne prolifèrent que grâce à la reproduction des guêpes dans les génomes desquelles ils sont installés.

Les exemples de ces guêpes et des syncytines sont parmi les plus documentés aujourd'hui, mais le repérage de gènes viraux détournés de leurs fonctions d'origine au profit des organismes qui les portent est un domaine de recherche très actif. Il y a des chances pour que la liste s'allonge rapidement. De nombreux cas d'exaptation déjà documentés sont en fait au stade de compréhension qui était celui des syncytines au début des années 2000, quand on commençait à se rendre compte que les humains n'étaient pas une exception. Pour finir ce chapitre, j'aimerais vous montrer à quel point la recherche à venir est riche de promesses en faisant un panorama rapide des connaissances actuelles.

Commençons en restant au niveau du placenta. Cet organe est particulier en ce qui concerne les virus endogènes. En effet, l'expression de ces séquences génétiques est généralement activement éteinte par l'organisme, mais cette régulation n'est pas maintenue de façon aussi forte dans le placenta. Les gènes d'origine virale s'y expriment donc plus qu'ailleurs, ce qui favorise leur exaptation… et il n'est pas impossible que cette tolérance soit elle-même due au fait que des protéines virales sont nécessaires à la mise en place du placenta.

Cette surveillance relâchée ne se limite pas aux parties des virus endogènes qui permettent la fabrication de protéines. Les séquences de régulation sont aussi concernées, dont les LTR des rétrovirus, sorte d'interrupteurs moléculaires qui lancent l'expression de tous les gènes qui les entourent. On s'aperçoit de plus en plus souvent que des gènes cellulaires actifs dans le placenta sont en fait régulés par des séquences virales. Et le rôle de plusieurs d'entre eux est loin d'être anecdotique ! Par exemple, chez certains primates, un LTR actif dans le placenta y permet la production d'une hormone qui semble réguler la longueur de la grossesse.

Des virus protecteurs

Des séquences virales sont également impliquées dans la régulation de gènes cellulaires ailleurs que dans le placenta. On pense aujourd'hui qu'elles jouent un rôle important dans l'activation des gènes spécifiques à certains tissus ou certains stades de développement. Par ailleurs, de plus en plus de données suggèrent que des séquences virales contribuent à la mise en place de la réponse immunitaire.

La défense de notre organisme repose sur des mécanismes complexes, qui nécessitent la coordination de l'expression de nombreux gènes, grâce à un certain nombre de séquences régulatrices. Il semble que parmi elles, beaucoup soient d'origine virale. À première vue, cela peut paraître paradoxal que d'anciens virus nous permettent aujourd'hui de nous protéger. Mais ces entités, qui déclenchent des réponses immunitaires, évoluent depuis longtemps au contact de nos mécanismes de défense. Il n'est donc pas si surprenant que leurs séquences de régulation aient des effets sur nos gènes. Une fois installées dans nos génomes, celles qui nous handicapaient ont été éteintes mais celles qui nous arrangeaient se sont maintenues. Au fil du temps, elles ont pu devenir encore plus utiles qu'elles ne l'étaient au départ, au point d'être finalement des actrices importantes de la régulation de notre réponse immunitaire !

Ça va encore plus loin, car de nombreux gènes de virus ont été identifiés comme ayant une action antivirale. Les bactériophages en cycle lysogénique, temporairement installés au sein du génome bactérien, sont par exemple capables d'empêcher l'infection de leur bactérie par d'autres virus. Ils évitent ainsi que celle-ci ne soit détruite avant qu'eux-mêmes aient pu se reproduire et, tant qu'ils ne passent pas en cycle lytique, la bactérie est globalement protégée.

Des gènes de virus endogènes installés plus durablement que des bactériophages lysogéniques peuvent également avoir ce genre de fonctions. Plusieurs enveloppes de rétrovirus endogènes empêchent des rétrovirus circulants d'entrer dans les cellules des organismes qui les portent. Ce phénomène a déjà été observé, pour des virus différents, chez les poulets, les moutons, les chats et les souris (chez lesquelles trois enveloppes distinctes protègent contre des virus différents).

Les anciens gènes d'enveloppe ne sont pas les seuls à avoir un effet protecteur. Dans certains cas, c'est le gène Gag, codant pour les protéines structurales de rétrovirus endogènes, qui est antiviral. Chez la souris, les produits d'un de ces gènes empêchent certains rétrovirus de libérer leur contenu dans la cellule, donc de l'infecter. Chez le mouton, au contraire, ils bloquent la dernière étape du cycle viral en stoppant la formation de nouveaux rétrovirus. Ce qui limite la contamination des autres cellules de l'organisme.

Des résultats suggèrent que les virus endogènes des plantes pourraient aussi avoir un effet antiviral, mais cela n'a pas encore été formellement démontré. Ces exemples soulignent une fois de plus que les virus ne sont pas que des sources de maladies. Ils peuvent aussi protéger l'organisme qui les porte des infections, voire lui fournir des armes moléculaires.

On a déjà parlé des guêpes parasitoïdes qui utilisent les virus de façon offensive, mais elles ne sont pas les seules. Cela a également été observé chez les bactéries. Certaines d'entre elles produisent en effet des structures qui ressemblent étrangement à des queues de bactériophages et, comme elles, sont capables de percer les enveloppes bactériennes. Lorsque les souches qui les produisent sont en compétition avec d'autres bactéries, par exemple pour des ressources, elles utilisent ces outils viraux pour les détruire.

Le cerveau à l'envers

Pour finir, l'exemple des syncytines et de la viviparité montre que les virus endogènes sont une source de nouveaux gènes, qui peuvent permettre l'acquisition de capacités susceptibles de bouleverser l'histoire évolutive du vivant. On ne fait vraisemblablement que commencer à prendre conscience de leur importance.

Pour vous mettre l'eau à la bouche, sachez qu'en 2018 deux articles ont fait une découverte incroyable concernant la protéine Arc, produit d'un gène Gag de rétrovirus endogène conservé chez les vertébrés terrestres. Celle-ci est exprimée dans le cerveau et est impliquée dans le développement cérébral, l'apprentissage et la mémorisation à long terme. Ce qui est déjà énorme, pour une protéine virale ! On sait désormais qu'*in vitro* Arc est capable de former des particules qui ressemblent à des particules virales et circulent d'un neurone à l'autre.

Est-ce que ces particules sont aussi formées *in vivo* dans nos cerveaux ? Peut-être. Est-ce qu'elles jouent un rôle dans l'apprentissage et la mémorisation, processus dans lesquels Arc intervient ? C'est une possibilité. Arc est-elle la seule protéine de son genre ? Rien ne le dit, au contraire. D'autres dérivés de gènes Gag de rétrovirus endogènes sont fortement exprimés dans nos cerveaux et, pour l'instant, on ne sait pas trop ce qu'ils y font. Peut-être qu'en plus d'être nés grâce à certains d'entre eux, nous pensons aussi… à l'aide d'anciens virus.

Ces histoires vous paraissent peut-être invraisemblables. Comment concevoir qu'autant de gènes viraux, initialement sélectionnés pour des rôles spécifiques, puissent se retrouver aujourd'hui détournés et conservés pour d'autres fonctions, chez tous types d'organismes ? Cela paraît hautement improbable. Et de fait, ça l'est. Mais improbable n'est pas synonyme d'impossible. Même si chaque gène d'un virus endogène a très peu de chances de donner lieu à une exaptation, il ne faut pas oublier qu'ils sont extrêmement nombreux ! Il y a plus de gènes de virus – plus ou moins fossilisés– que de gènes humains dans notre génome. Finalement, la nature a eu l'occasion de faire suffisamment de tentatives pour que, malgré leur faible probabilité individuelle de succès, certaines d'entre elles réussissent.

Ajoutons à ça que l'évolution est un filtre sans pitié : seules les innovations qui ne diminuent pas les chances de reproduction de l'organisme qui les porte sont conservées. Les détournements de gènes viraux qui ont donné lieu à des expressions mal venues, dans le mauvais organe ou au mauvais moment, ont simplement disparu. Cela ne veut pas dire qu'ils n'ont jamais existé.

Pour finir, au fond, est-ce vraiment surprenant que les facteurs viraux interagissent aussi étroitement avec le fonctionnement de nos cellules ? Après tout, le principe même du cycle viral est de détourner les composants cellulaires pour transformer nos organismes en usines à virus. Les molécules des virus et celles des entités qu'ils infectent cohabitent depuis des centaines de millions d'années. L'exaptation n'est finalement qu'un nouveau mode d'interaction entre des structures déjà familières.

CHAPITRE 4

Demain, les virus

Au XIXe siècle, les virus n'étaient qu'une hypothèse. Ils sont depuis devenus des objets d'étude, de plus en plus accessibles grâce aux progrès des outils techniques. Mais les virologues ont longtemps travaillé avec des œillères : la recherche s'est concentrée sur les virus qui impactent notre quotidien.

Explorer la virosphère

On a examiné les virus qui nous infectent directement, ceux qui s'en prennent à des bactéries qui nous rendent elles-mêmes malades et ceux qui touchent des animaux ou des plantes exploités par les humains. Mais le vivant est bien plus vaste que ces quelques espèces et chaque organisme est ciblé par ses propres virus. En nous concentrant sur une infime partie de la biosphère, nous sommes mécaniquement passés à côté de la majorité de ce qu'on appelle la virosphère, l'ensemble des virus.

Ceux que nous avons étudiés nous ont déjà offert bien des surprises. Que nous réservent les virus qui restent à découvrir ? Des pistes commencent à se dessiner, partons les explorer en imaginant ce que pourrait être la virologie de demain !

Toujours plus de virus

Des centaines d'années de classification du vivant ont mené à un système centré sur la notion d'espèce, qu'on a évoquée au début de ce livre. Sur le papier, on définit une espèce comme « un groupe d'êtres capables de se reproduire entre eux pour donner une descendance fertile ». Une définition qui fonctionne plutôt bien pour décrire les entités biologiques les plus visibles, comme les plantes et les animaux, à quelques exceptions près. Les chiens et les loups font par exemple partie de la même espèce, mais il y a peu de chances pour qu'un caniche et un loup se reproduisent spontanément ensemble. Idem pour un yorkshire et un berger allemand, qui sont non seulement de la même espèce mais aussi de la même sous-espèce. À l'inverse, l'ours blanc et le grizzli, deux espèces différentes, peuvent se reproduire dans la nature et donner une descendance fertile. Et cela se complique encore chez les végétaux, dont la reproduction n'est pas soumise aux mêmes contraintes comportementales que celle des animaux[1].

Le développement de la génétique, qui rend possible la comparaison de portions de génomes voire de génomes entiers, a permis d'affiner la notion d'espèce et de l'étendre aux organismes qui ne se reproduisent pas de façon sexuée, comme les bactéries ou les virus. Aujourd'hui, déterminer si deux virus proches appartiennent ou non à la même espèce est une des missions du Comité international de taxonomie des virus. Il existe en fait des sous-comités différents pour toutes les grandes familles de virus. Chacun a ses propres règles, plus ou moins arbitraires, adaptées aux spécificités des virus concernés.

L'idée générale est que deux virus sont considérés comme faisant partie de la même espèce s'ils possèdent des caractéristiques communes et ont des génomes très proches. Ce n'est pas parfait, mais peu importe : la notion d'espèce n'a que l'importance qu'on lui donne. Classer les entités biologiques revient de toute façon à observer une surface en pente et à y décrire des marches. Ce n'est pas une description fidèle de la réalité mais elle permet de se comprendre. Dans le cas des virus, il y a encore des discussions et certains chercheurs préfèrent parler de populations plutôt que d'espèces, mais l'idée générale reste la même.

Ces limites étant posées, combien d'espèces virales connaissons-nous aujourd'hui ? La classification établie en 2019 par le Comité international de taxonomie des virus répertorie 6 590 espèces de virus, dont environ 250 infectent les humains. C'est à peu près autant que le nombre d'espèces de mammifères ou de libellules connues[2], mais vraisemblablement très loin du nombre total d'espèces virales existantes.

En fait, les scientifiques ont déjà découvert bien plus d'espèces de virus. Seulement, pour savoir comment les classer, il faut les étudier individuellement. Or, la technique de repérage actuellement utilisée ne fait pas dans la finesse.

La métagénomique est indiscutablement une technologie du XXIe siècle. Elle s'appuie sur les progrès du séquençage génétique, devenu plus rapide et moins cher, et sur la possibilité de gérer informatiquement d'énormes quantités de données. Le principe général est qu'au lieu de séquencer le génome d'un organisme, on récupère l'ensemble des séquences contenues dans un échantillon. On obtient ainsi énormément de données qui, après analyse informatique, donnent un aperçu exhaustif de la richesse d'un milieu et permettent de repérer les séquences qui ne ressemblent à rien de connu.

En quelques années, la métagénomique a ainsi apporté un nouvel éclairage à notre connaissance des micro-organismes. L'analyse d'échantillons prélevés dans les océans, le sol ou l'intérieur de nos propres intestins a permis de mieux connaître les entités qui y vivent. Par l'intermédiaire de leurs génomes, nous avons eu accès à des bactéries, des archées, des eucaryotes minuscules et des virus qui nous avaient échappé jusque-là.

Des missions scientifiques organisées par la fondation Tara Océan, qui fait naviguer un bateau rempli d'instruments d'analyse sur l'ensemble des océans terrestres, ont ramené 145 prélèvements marins. Après analyse métagénomique, on y a identifié près de 200 000 populations virales, assimilables à des espèces différentes. Vous avez bien lu et il n'y a pas de faute de frappe. Cela fait, d'un coup, trente fois plus d'espèces virales que celles déjà répertoriées. L'immense majorité d'entre elles ne correspond d'ailleurs à aucune des familles de virus connues.

Ces résultats ont été publiés en 2019. Le travail d'analyse nécessaire pour décortiquer ces données et les confronter aux observations faites à partir d'autres prélèvements est colossal, mais riche de promesses. La première est de mieux comprendre la virosphère marine, mais ce n'est pas tout. En effet, on sait que les virus ont un impact énorme sur les écosystèmes océaniques. Ils infectent et tuent chaque jour énormément d'autres micro-organismes, impliqués dans le cycle du carbone et à la base de nombreuses chaînes alimentaires. Mieux connaître les populations de virus océaniques permettra aussi de comprendre voire d'influencer leurs impacts sur les écosystèmes marins.

Les océans sont le milieu dans lequel l'analyse de génomes viraux par métagénomique a donné les meilleurs résultats, notamment parce qu'il est relativement facile d'y récupérer ces génomes. C'est beaucoup plus compliqué avec les sols, par exemple. Mais ça viendra : dès qu'on s'intéresse à un environnement qu'on avait jusque-là peu étudié sous cet angle, on y trouve de nouveaux virus.

Ainsi, des scientifiques étudiant l'évolution des virus à ARN en ont cherché chez d'autres vertébrés que les mammifères et les oiseaux et en ont identifié plus de 200 nouveaux en 2018. De la même façon, 2 500 virus aux génomes composés d'ADN circulaire ont été découverts début 2020. Impossible de dire aujourd'hui combien d'espèces de virus cohabitent sur notre planète, mais certains spécialistes pensent qu'elles se comptent en milliards.

Ajoutons à cela qu'une grande partie des génomes viraux qu'on découvre ne ressemblent à rien de connu. L'infime proportion de la virosphère qui nous est familière n'est donc vraisemblablement pas représentative de la diversité réelle de l'ensemble.

Puzzles sans fin

Lorsqu'on réalise des analyses métagénomiques, on récupère tout un lot de séquences génétiques qu'il faut ensuite trier. D'une part pour savoir à quel type d'entité elles appartiennent de façon générale[3], d'autre part pour savoir quelles séquences viennent du même organisme particulier. En effet, les différents génomes sont coupés en de nombreux morceaux avant d'être séquencés, si bien qu'on n'obtient pas un ensemble de génomes mais un ensemble de bouts de génomes. Exactement comme si vous preniez plusieurs puzzles et que vous mélangiez toutes leurs pièces. Pour reconstruire ensuite chacun des puzzles, l'idéal est d'avoir une idée de ce qu'ils représentent. Pour ça, les chercheurs comparent les séquences obtenues après une analyse métagénomique à celles qui sont déjà répertoriées dans des bases de données. Ils repèrent ainsi les motifs connus auxquels correspondent certaines de leurs pièces. Ils peuvent alors faire du tri, reconstituer certains puzzles et réduire la taille du tas de pièces qu'ils ne savent pas comment assembler.

Lorsque les chercheurs tombent sur des virus proches de virus connus, ils reconstruisent facilement leurs génomes et peuvent identifier de nouvelles espèces. Mais ces découvertes restent très théoriques, car uniquement basées sur la reconstitution de séquences génétiques. Des analyses plus ciblées sont nécessaires pour vraiment caractériser ces nouveaux virus, comme les isoler en laboratoire, les observer en microscopie ou identifier les organismes qu'ils infectent. C'est en partie pour cela qu'il y a un tel écart entre les dizaines, voire les centaines, de milliers d'espèces virales identifiées en métagénomique et les quelques milliers effectivement répertoriées. Reconstituer un génome ne suffit pas à connaître un virus.

Reste une autre difficulté : les pièces dont le motif ne correspond à aucun puzzle connu. Dans le cas des analyses de génomes viraux, il arrive que 90 % des séquences récupérées ne puissent être comparées à rien. Imaginez un tas de pièces de puzzle, dont 90 % viennent de puzzles mélangés dont vous ignorez le nombre total et ce qu'ils sont censés représenter. Un vrai casse-tête ! On parle d'ailleurs de « matière noire virale » pour désigner l'ensemble de ces séquences mystérieuses mais existantes, en référence à cette autre « matière noire » qui composerait la majorité de notre Univers mais qu'aucun physicien n'a jamais directement observée.

Mais il en faut plus pour décourager les chercheurs ! Si les méthodes d'analyse sont encore un peu en retard par rapport à la vitesse d'acquisition des données, certaines astuces ont déjà permis d'identifier de tout nouveaux virus. Une d'entre elles consiste à chercher des motifs de puzzles ailleurs que parmi les virus connus, en fouillant du côté des outils de défense antivirale des organismes infectés. En effet, les bactéries, les végétaux, mais aussi certains animaux intègrent dans leurs génomes des portions de séquences virales, plus courtes que des virus endogènes, qui sont impliquées dans des réponses immunitaires contre les virus correspondants. Munis de ces motifs, des chercheurs se sont repenchés sur des données métagénomiques obtenues il y a plusieurs années et, début 2020, ont découvert une nouvelle catégorie de virus qui infectent des mouches. En utilisant ce puzzle tout juste constitué comme nouveau modèle, ils ont ensuite identifié d'autres virus du même type chez une vingtaine d'arthropodes !

Une autre astuce consiste, paradoxalement, à mélanger les séquences obtenues à partir de plusieurs analyses métagénomiques du même type de données. Autrement dit, à prendre plusieurs lots de pièces de puzzles en vrac et à les rassembler en un tas encore plus gros. On est d'accord, l'intérêt de la démarche n'est pas évident *a priori*, mais il y a un élément sur lequel je n'ai pour l'instant pas insisté. Quand on fait de la métagénomique, chaque séquence n'est pas obtenue en un seul exemplaire mais en plusieurs, dont le nombre dépend de la composition de l'échantillon de départ. Un mélange de deux virus qui contient dix fois plus de virus A que de virus B donne environ dix fois plus de séquences correspondant au génome du virus A qu'à celui du virus B.

Autrement dit, dans notre mélange de puzzles, chaque modèle peut être présent en un nombre variable d'exemplaires. Si on compte chacune des pièces, on peut faire un premier tri en supposant que toutes celles dont on trouve la même quantité appartiennent au même modèle de puzzle. Plus il y avait d'exemplaires de ce modèle au départ, plus les pièces seront nombreuses. Si vous avez deux copies des pièces A et B et douze copies des pièces C et D, il paraît logique d'associer les pièces A et B d'un côté et les pièces C et D de l'autre. Malheureusement, les quantités varient rarement assez pour que cette technique permette d'identifier les pièces d'un génome viral à partir d'une analyse métagénomique… d'où l'idée d'en combiner plusieurs.

Cela ne marche pas à tous les coups. Les changements d'un échantillon à l'autre peuvent se compenser et rendre les puzzles impossibles à distinguer. Mais quand ils s'amplifient, au contraire, ça rend repérables des génomes qui ne l'étaient pas au départ. Ainsi, en 2014, la combinaison d'analyses métagénomiques d'échantillons de selles de douze personnes différentes a fait ressortir certaines pièces de puzzles, présentes en grandes quantités. Leur assemblage a conduit à découvrir un nouveau type de bactériophage particulièrement abondant ! Il a été baptisé crAssphage en référence au nom officiel de la technique utilisée pour l'identifier : l'assemblage croisé de métagénomes[4].

Une aiguille dans une botte de foin

C'est un euphémisme de dire que les crAssphages sont abondants. Ils semblent être les virus les plus nombreux du corps humain et peuvent représenter jusqu'à 90 % des virus contenus dans nos intestins. Ce n'est pas très surprenant que notre principal virus soit un virus de bactéries : nos organismes contiennent autant de bactéries que de cellules humaines. C'est aussi plutôt logique que celui-ci soit surtout présent au niveau de nos intestins, où vivent environ deux kilos de bactéries[5]. En revanche, il est surprenant que ce bactériophage soit différent de ceux qu'on connaissait avant 2014 au point de ne pas avoir été repéré avec de simples comparaisons de séquences.

On a aujourd'hui identifié plusieurs centaines de crAssphages différents, certains confortablement installés dans le génome de bactéries en tant que phages lysogéniques. Leurs génomes ont été analysés et on connaît désormais la fonction de certains de leurs gènes. Un arbre de parenté des crAssphages a même été proposé en 2018. Cette année-là, des chercheurs ont pour la première fois réussi à isoler un de ces virus, le faire proliférer en laboratoire et l'observer au microscope. Leurs résultats ont confirmé que les crAssphages infectent un type de bactéries très nombreuses dans nos intestins mais impossible à cultiver en laboratoire. Cela explique sans doute à la fois l'abondance de ces virus et le fait qu'ils aient échappé aux chercheurs jusqu'à récemment.

Il reste beaucoup de choses à comprendre concernant les crAssphages, qui semblent avoir un mode d'infection un peu particulier. Mais pour des virus qui ne ressemblaient à rien de connu quand leur génome a été repéré il y a seulement six ans et qui n'ont causé aucune crise sanitaire, les progrès sont déjà spectaculaires !

Cet exemple très récent n'est qu'une petite aiguille qu'on a réussi à extraire de l'immense botte de foin qu'est la matière noire virale. Il montre qu'on progresse et que de nouvelles méthodes d'analyse permettront de tirer de plus en plus d'informations des données métagénomiques, y compris celles qu'on a déjà obtenues. Mais il rappelle que cette première étape devra être suivie d'années de travail pour caractériser et comprendre chacun des nouveaux virus qu'on découvrira.

Je pense ne pas prendre trop de risques en pariant ici que les découvertes de nouveaux virus vont s'enchaîner de plus en plus rapidement. Les techniques d'analyse s'améliorent, notamment pour identifier les séquences qui ne ressemblent à rien de connu. Et chaque nouveau puzzle que nous construisons permet d'avoir de nouveaux motifs auxquels comparer les pièces qu'il nous reste : plus on découvrira de virus, plus on éclaircira la matière noire virale.

Le champ d'étude des virologues de demain deviendra ainsi de plus en plus vaste. Mais une question tiraille déjà une partie de la communauté : faut-il tenter d'établir une classification des virus dès aujourd'hui ? Certains pensent que oui, d'autres, tout en ne niant pas l'intérêt de l'exercice, considèrent que notre compréhension de la virosphère est encore trop limitée. Essayer de classer les virus avec nos connaissances actuelles revient à tenter de classer le vivant uniquement à partir des animaux observables dans une zone géographique restreinte.

Ce qui n'est pas sans rappeler la démarche d'Aristote. On sait aujourd'hui qu'il avait fait un certain nombre d'erreurs grossières et que son image d'ensemble était mauvaise. Il était loin de penser que les trois domaines du vivant puissent être les bactéries, les archées et les eucaryotes. Il n'empêche qu'il avait tiré des enseignements intéressants de son système de classification imparfait.

Virus en kit

La petite partie de la virosphère que nous connaissons a déjà contredit plusieurs dogmes fondamentaux de la biologie, montrant par exemple que l'information génétique n'est pas forcément portée par de l'ADN et que toutes les entités biologiques ne sont pas composées de cellules. Ce qui nous reste à découvrir continuera sans doute à ébranler nos certitudes, y compris celles qui concernent des règles de base de la virologie elle-même.

Il existe à peu près autant de cycles viraux que de virus, mais on peut résumer cette phase de prolifération en quelques étapes générales. Une particule virale infecte une cellule en y insérant au moins son génome. Celui-ci est recopié et, parallèlement, la cellule est détournée pour devenir une usine de production de composants viraux. Ces derniers, copies de génome comprises, finissent par s'assembler pour former une multitude de nouvelles particules virales qui sont libérées, parfois en détruisant la cellule infectée. Et ainsi de suite. Un virus pirate une cellule pour produire de nombreux nouveaux virus.

Alors que tous les eucaryotes, les bactéries et les archées ont un génome sous forme d'ADN double brin[6], ceux des virus sont d'une grande diversité. Le type d'acide nucléique peut être de l'ADN ou de l'ARN. Parfois simple brin, parfois double brin, parfois un peu des deux[7]. Il peut être linéaire, comme nos propres chromosomes, ou circulaire, refermé sur lui-même comme les chromosomes bactériens. Rappelant nos chromosomes, certains virus ont des génomes composés de plusieurs morceaux d'acides nucléiques, qu'on appelle des segments[8]. C'est le cas de ceux de la famille dont font partie les virus de la grippe, qui contiennent huit segments différents. Ou des virus endogènes utilisés par les guêpes parasitoïdes pour leur reproduction, dont le génome peut dans certains cas être composé de plus de trente segments.

Les virus qu'on qualifie de multipartites poussent l'originalité un cran plus loin. Leurs génomes sont composés de plusieurs segments, mais ceux-ci sont carrément empaquetés dans des particules virales différentes. De vrais virus en kit !

Cela fait plusieurs décennies que ces virus intriguent les chercheurs. En effet, des calculs ont montré qu'au-delà de trois segments, il est extrêmement improbable que toutes les parties du génome se retrouvent rassemblées dans une seule cellule. Les chances que celle-ci soit infectée indépendamment par toutes les particules virales sont à peu près nulles. Pourtant les virus multipartites peuvent posséder jusqu'à huit segments et force est de constater qu'ils se multiplient très bien. Mais comment ?

Un élément de réponse majeur a été publié en 2019 par l'équipe montpellieraine de Stéphane Blanc. Les chercheurs ont infecté des plants de fèves avec un virus multipartite, le FBNSV (pour *faba bean necrotic stunt virus* : virus des fèves, et plus largement des légumineuses, provoquant des nécroses et un ralentissement de croissance), qui possède huit segments et autant de particules virales. Ils ont constaté qu'en fait les différents types de particules n'ont pas besoin d'infecter la même cellule pour que le virus prolifère. En pratique, ils ont associé les différents segments viraux à des marqueurs colorés et ont observé leur localisation au microscope. L'accumulation de chaque segment dans une cellule s'est avérée indépendante de la présence des autres. Pourtant, chacun porte des gènes indispensables à la multiplication du virus. Si ceux-ci sont présents dans des cellules différentes, comment ce processus peut-il se dérouler efficacement ?

Pour comprendre la réponse apportée par l'équipe de Blanc, il faut savoir ce qui se passe lorsqu'un gène s'exprime. Cela implique généralement deux étapes : tout d'abord le gène est « photocopié » sous la forme d'une molécule d'ARN, qui porte une copie de son message et qu'on appelle l'ARN messager[9]. Puis cet ARN messager est déchiffré, comme un plan de montage, par une machinerie cellulaire qui fabrique la protéine correspondante[10].

Dans le cas du virus des fèves, les génomes viraux sont séparés dans des cellules différentes, que les particules virales ont infectées de façon indépendante. En revanche, l'équipe de Blanc a montré que les protéines correspondantes peuvent se rassembler dans une même cellule ! On ne sait pas si le déplacement concerne les protéines elles-mêmes ou les ARN messagers qui permettent leur fabrication, mais le résultat est que le cycle viral peut avoir lieu normalement. C'est tout à fait habituel de voir des molécules se déplacer d'une cellule à l'autre, surtout dans un végétal. Plusieurs mécanismes permettant de genre de choses sont connus, même s'ils ne sont pas tous complètement compris. En revanche, c'était une vraie surprise de découvrir un piratage de ces transports par un virus multipartite.

Contrairement à tout ce qui était connu jusqu'alors, ces virus ne se multiplient pas en infectant une unique cellule, ce qui a conduit à qualifier leur mode de prolifération de pluricellulaire. Une petite révolution !

Comme toujours avec les découvertes récentes, de nombreuses questions restent ouvertes. Les chercheurs s'interrogent notamment sur l'intérêt de cette stratégie de multiplication hors norme. Car les virus multipartites sont mal compris, mais ils sont loin d'être rares : ils correspondent à environ une espèce virale connue sur cinq ! Si on les connaît peu, c'est parce qu'ils infectent surtout des végétaux et des champignons. Seuls deux exemples sont répertoriés dans le monde animal, concernant un moustique et le bombyx du mûrier, version adulte du ver à soie. Le fait que ce mode de multiplication étonnant soit si répandu suggère qu'il apporte un avantage aux virus concernés, reste à déterminer lequel.

L'hypothèse privilégiée à l'heure actuelle est que cette séparation des segments viraux dans des particules indépendantes permettrait de réguler quantitativement l'expression de chacun des gènes. Plusieurs éléments vont dans ce sens. Notamment le fait, décrit par l'équipe de Blanc, que les proportions de chaque type de particules d'un virus multipartite sont conservées chez une plante donnée, mais varient d'une plante à l'autre. Pour ces virus, ajuster la quantité de chacun de leurs gènes pourrait être une stratégie d'adaptation à un nouvel hôte.

Si cette hypothèse se révèle vraie, ce qui reste à démontrer, elle nous obligera à repenser notre vision de la réplication des virus en général. En effet, même ceux qui transportent leur génome d'un bloc produisent régulièrement des particules virales dans lesquelles une partie de l'information génétique est manquante. On les considère habituellement comme des anomalies, issues d'accidents et maintenues parce qu'elles ne nuisent pas spécialement à la prolifération des virus concernés. Mais elles sont fréquentes et de plus en plus de chercheurs supposent qu'elles ne seraient pas neutres mais bel et bien utiles aux virus, même si on ne sait pas encore pourquoi ni comment. Les virus multipartites aideront peut-être les virologues de demain à y voir plus clair !

Où commencent et s'arrêtent les virus ?

À l'inverse de cette complexité insoupçonnée de virus au mode de prolifération pluricellulaire, d'autres structures remettent en question les fondements de la virologie par leur simplicité. Celles dont je vais vous parler ici ne sont généralement pas considérées comme des virus, mais d'autres choses, à l'origine, à l'histoire évolutive et au fonctionnement différents. Pourtant, leur existence nous oblige à réfléchir à la façon dont nous choisissons de définir les virus.

Une simple protéine

Si vous vivez en Europe et que vous êtes en âge de vous souvenir des années 1990, vous avez forcément déjà entendu parler des prions. À l'époque, ces agents infectieux ont causé un énorme scandale sanitaire qui a principalement touché le Royaume-Uni, la fameuse « crise de la vache folle ». Des aliments, produits notamment à partir d'animaux morts, ont contaminé des bovins avec un prion responsable de l'encéphalite spongiforme bovine, de son petit nom scientifique. Des humains ayant eux-mêmes consommé certaines parties de ces bovins ont également été infectés par le prion et ont développé la maladie de Creutzfeldt-Jakob. Mais qu'est-ce qu'un prion ?

Il s'agit entre autres d'une énigme que la science a mis plus de 200 ans à résoudre. La maladie de la tremblante du mouton était déjà décrite au XVIIIe siècle. Pourtant il a fallu attendre les années 1930 pour que, simultanément et de façon indépendante, les travaux de recherche de vétérinaires français et une épidémie causée par un vaccin contaminé en Angleterre démontrent le caractère transmissible de cette maladie. La recherche de l'agent infectieux impliqué était lancée.

À la fin des années 1960, plusieurs analyses aboutissaient à la même conclusion : la tremblante du mouton est causée par une structure qui ne contient pas d'acide nucléique. Une découverte surprenante puisque la possession d'un génome était à l'époque un point commun à tous les agents infectieux connus, qu'il s'agisse de virus, de bactéries ou d'autres parasites. Mais les données, implacables, se sont accumulées et, en 1982, le neurologue américain Stanley Prusiner a pour la première fois utilisé le terme prions pour désigner ces protéines infectieuses. La recherche a progressé, notamment dans l'équipe de Prusiner, et notre compréhension des prions est aujourd'hui bien meilleure.

Les prions sont des protéines responsables de différentes maladies des mammifères, comme la tremblante du mouton, l'encéphalite spongiforme bovine, la maladie de Creutzfeldt-Jakob ou le kuru chez l'humain. Il s'agit de maladies neurodégénératives au cours desquelles la mort de neurones provoque l'apparition de trous dans le cerveau, comme dans une éponge, d'où le qualificatif de spongiforme. À l'heure actuelle, toutes les maladies à prions connues sont causées par une seule et unique protéine, dont les versions changent légèrement d'un animal à l'autre : la PrP, pour *Prion protéine* (en anglais *prion protein*). Je trouve déjà impressionnant qu'une simple protéine, isolée, sans génome, sans assemblage complexe, puisse causer la destruction des neurones et provoquer des maladies mortelles. Mais les prions ont encore une surprise dans leur sac, car la PrP n'est pas vraiment un agent infectieux. C'est une protéine naturellement produite par les animaux.

Pour comprendre comment une de nos protéines peut à la fois nous rendre malades et potentiellement être contagieuse, il faut s'intéresser de plus près à ces molécules. On peut visualiser les protéines comme des colliers de perles fabriqués à partir d'une vingtaine de perles différentes, chacune ayant sa propre forme[11]. Ces colliers se replient ensuite sur eux-mêmes en adoptant des structures tridimensionnelles spécifiques. Chaque protéine-collier peut théoriquement prendre de nombreuses structures différentes, mais une seule lui permet de remplir efficacement sa fonction. Dans nos cellules, plusieurs mécanismes de contrôle veillent à ce que chaque exemplaire de chaque protéine ait la bonne forme.

Les prions sont un exemple de dysfonctionnement de ces mécanismes. Quand une protéine PrP adopte sa structure normale, tout va bien. Mais elle peut aussi prendre une forme pathologique, qui change complètement ses propriétés. D'une part les protéines mal repliées s'assemblent les unes avec les autres pour former des plaques dans les neurones, d'autre part elles sont capables de « contaminer » les protéines PrP saines. Quand une PrP mal pliée entre en contact avec une PrP normale, cette dernière est modifiée et adopte elle-même une structure pathologique. De proche en proche, comme on ferait tomber des dominos, une seule protéine PrP déformée suffit à transformer tous les exemplaires d'une cellule. Malheureusement, l'enchaînement des événements qui conduisent au développement de maladies est encore mal compris aujourd'hui et il n'existe pas de traitement contre les encéphalites à prions.

En fait, dans la majorité des cas, on ne sait même pas pourquoi le premier domino tombe. Pour la maladie de Creutzfeldt-Jakob, l'origine du problème est génétique chez environ 15 % des patients, dont le gène codant pour la PrP porte des mutations qui favorisent son passage à la forme anormale. Les transmissions infectieuses sont en revanche extrêmement rares et concernent moins de 1 % des patients. Il en reste donc environ 85 % chez lesquels la maladie est qualifiée de sporadique ce qui, concrètement, veut dire qu'elle semble apparaître spontanément sans qu'on sache pourquoi.

Les prions montrent indiscutablement que des agents infectieux minimalistes, composés d'une seule protéine, sont capables de se disséminer dans les neurones de différents mammifères, de se transmettre d'un individu à un autre voire, comme dans le cas de la crise de la vache folle, de passer la barrière d'espèce. Après avoir mis des décennies à admettre que l'information génétique est portée par les acides nucléiques et pas par les protéines, la communauté scientifique fait désormais face à des entités… dépourvues de génome !

Les prions ne sont cependant pas les seules structures infectieuses qui consistent en une unique molécule. Composés non pas d'une simple protéine mais d'un seul acide nucléique, les viroïdes sont aussi une source d'étonnement.

Un simple acide nucléique

Retournons une fois de plus du côté des végétaux : en 1922, une nouvelle maladie des pommes de terre est découverte. On la baptise « maladie des tubercules en fuseau » car elle déforme les tubercules et ralentit la croissance des plantes. Dès l'année suivante, elle est identifiée comme contagieuse et les spécialistes se mettent en quête de l'agent infectieux responsable.

Les premières analyses ont aiguillé les chercheurs vers la piste d'un virus, mais les choses se sont, comme souvent, avérées plus compliquées que prévu. Le phytopathologiste William Raymer s'est intéressé à cette question au début des années 1960, en tant que salarié du fameux département de l'Agriculture des États-Unis (USDA) qui a tant fait pour la compréhension du virus de la mosaïque du tabac. Raymer a d'ailleurs commencé par affronter un problème qui rappelle ceux rencontrés par les premiers virologues : les symptômes de la maladie des tubercules en fuseau mettent environ deux ans à se manifester sur les plants de pommes de terre, ce qui ralentissait considérablement les expériences.

Heureusement, cette maladie peut également être transmise aux tomates qui, de leur côté, développent des symptômes en seulement deux semaines. En utilisant ce type de plantes, il était possible de récupérer relativement rapidement de grandes quantités de feuilles contaminées, à partir desquelles purifier le virus ! En théorie. Car en pratique, les techniques de virologie de l'époque n'ont pas fonctionné pour cette maladie. Convaincu qu'il avait affaire à autre chose qu'un virus classique, Raymer a sollicité l'aide d'un autre phytopathologiste de l'USDA : Theodor Diener.

Ensemble, ils ont rapidement montré que l'entité responsable de la maladie des tubercules en fuseau n'était pas un virus mais une unique molécule d'ARN, de relativement petite taille. Raymer, recruté dans l'industrie, quitte son poste en 1966 et Diener poursuit seul leurs travaux. Une première et prudente synthèse des données est publiée en 1967, mais l'hypothèse d'une maladie causée par une simple molécule d'acide nucléique était tellement incroyable que Diener a passé plusieurs années à vérifier et confirmer ces résultats.

Finalement, c'est en 1971, près de cinquante ans après la découverte de la maladie correspondante, qu'il publie une synthèse décrivant l'agent infectieux responsable des tubercules en fuseau. Il s'agit d'une molécule d'ARN nue, non protégée dans une coque protéique. Elle est trop courte pour permettre la production de protéines, mais sa capacité d'infection ne semble pas dépendre de la présence d'un éventuel virus complémentaire, qui aurait pu contribuer à sa prolifération en remplissant les fonctions manquantes. Cet ARN est donc vraisemblablement capable de se multiplier en piratant directement la machinerie cellulaire. Diener propose de désigner ces acides nucléiques, dont le comportement rappelle celui des virus mais qui ne forment pas de particule virale, sous le nom de viroïdes.

Cette nomenclature a vite été utile, puisque deux autres viroïdes ont été découverts dès 1972 et 1973, touchant respectivement les agrumes et les chrysanthèmes. On en connaît aujourd'hui un peu plus de trente sortes, réparties en deux grandes familles aux structures et aux propriétés différentes. Il s'agit toujours de molécules d'ARN circulaires de quelques centaines de caractères de long, soit environ dix fois moins que les génomes des plus petits virus, qui ne permettent la production d'aucune protéine. Tous les viroïdes connus infectent des végétaux, dans lesquels ils rentrent notamment grâce aux lésions causées par les outils et les piqûres d'insectes, mais leur transmission peut aussi se faire par le pollen ou les graines.

Les symptômes causés par les viroïdes sont très proches de ceux provoqués par certains virus, allant de déformations plus ou moins marquées des organes (feuilles, tubercules, tiges, fleurs…) à la mort de la plante touchée. On ne sait pas grand-chose de la façon dont les viroïdes affectent les organismes qu'ils parasitent, mais ces entités sont capables d'interagir avec de nombreuses structures cellulaires. Cela dit, tous les viroïdes ne sont pas dangereux. Certains restent asymptomatiques la plupart du temps et ne provoquent des symptômes que dans des circonstances particulières, d'autres peuvent même être bénéfiques. On commence d'ailleurs à utiliser des viroïdes pour améliorer des rendements agricoles.

La découverte de ces molécules d'ARN, capables de détourner des machineries cellulaires pour induire leur reproduction, a généré beaucoup de réflexions sur leur origine. En effet, un des scénarios envisagés concernant l'apparition de la vie sur Terre suppose que les premières biomolécules auraient été des ARN. Cette hypothèse repose sur les propriétés de ces molécules. Comme tous les acides nucléiques, les ARN permettent de stocker et de copier des informations, mais ils possèdent aussi une caractéristique qu'on retrouve plus généralement chez les protéines : ils peuvent faciliter la mise en place de certaines réactions chimiques.

Dans chaque cellule de chaque être vivant, de nombreuses réactions chimiques ont lieu en permanence. Inlassablement, des molécules sont coupées, synthétisées, collées les unes aux autres, modifiées localement ou déplacées. Pour ça, les cellules utilisent des outils qui sont généralement constitués de protéines. Jamais d'ADN. Et… parfois d'ARN.

Les chercheurs supposent donc qu'il est possible que la vie soit d'abord apparue sous la forme d'ARN, capable de stocker de l'information génétique et de modifier des molécules[12] en autonomie. Puis que l'ADN, moins fragile, ait fini par remplacer l'ARN comme molécule de stockage de l'information génétique. Et que les protéines, plus polyvalentes, aient fini par remplacer l'ARN comme outil de modification des molécules. C'est une hypothèse qu'il sera sans doute impossible de confirmer ou de contredire fermement un jour, mais la découverte des viroïdes nourrit la question ouverte de l'apparition de la vie sur Terre. Peut-être que ce sont des vestiges d'un monde où l'ARN jouait un rôle beaucoup plus central qu'aujourd'hui… D'ailleurs, les ARN d'une des deux familles de viroïdes connues sont capables de couper de l'ARN. C'est un élément important de leur cycle de réplication, mais aussi la preuve qu'ils agissent directement sur d'autres molécules et ne se contentent pas de transporter des informations.

Quel minimum viral ?

L'effet d'un minuscule virus sur un organisme peut déjà être impressionnant, mais le cas des molécules uniques comme les prions ou les viroïdes est encore plus spectaculaire. Malgré leurs capacités de piratage, ces deux entités infectieuses ne sont pourtant pas considérées comme des virus, ce qui en fait des alliés précieux pour affiner ce concept !

En effet, alors qu'ils sont généralement définis par opposition à des entités plus complexes (plus petits que des bactéries, ne possédant pas de cellule…), nous avons ici l'opportunité de comparer les virus à des structures plus simples. C'est l'occasion de déterminer ce qu'une entité doit au moins posséder pour être considérée comme un virus, ce qu'on pourrait appeler le minimum viral. Voyons si, parmi les caractéristiques des virus listées à la fin du chapitre 2, certaines permettent de les distinguer efficacement des viroïdes et des prions.

La nuance est en fait assez subtile, car de nombreuses propriétés des virus sont partagées par ces molécules. Toutes ces entités peuvent se transmettre entre des individus et entre des cellules d'un même individu, dont elles exploitent les ressources pour se multiplier, et sont susceptibles d'entraîner des maladies. Les virus partagent donc ces caractéristiques avec des structures plus complexes, comme des bactéries ou des champignons, mais aussi avec des entités plus simples comme les prions et les viroïdes. Ce qui en fait de très mauvais éléments de définition.

Qu'en est-il des propriétés qui distinguent les virus des entités plus complexes et qu'on pourrait considérer comme purement virales ? La plupart ne résistent pas à la comparaison avec les prions et les viroïdes. En effet, comme les virus, ce sont des parasites dépourvus de cellule, incapables de tirer eux-mêmes de l'énergie de leur milieu et dont la multiplication ne passe pas par une phase de croissance physique. Pour identifier des caractéristiques propres aux virus, qu'on ne retrouve pas chez les viroïdes et les prions, il faut s'intéresser à leurs structures.

Les virus se disséminent sous la forme de particules virales composées d'un génome, de protéines et parfois d'une couche externe de gras, l'enveloppe lipidique. C'est un constat généralisable à l'ensemble des virus… si on décide d'en exclure les virus endogènes devenus incapables de former des particules virales. De leur côté, les viroïdes et les prions ne sont composés que d'un seul type de molécules, de l'ARN pour les premiers et une protéine pour les seconds. Les virus sont donc des assemblages moléculaires, par opposition aux structures plus simples que sont des molécules uniques.

On peut pousser le raisonnement un cran plus loin. En effet, au-delà du nombre et du type de molécules impliquées, il y a une différence majeure entre les virus, les viroïdes et les prions : les virus sont les seuls à posséder des génomes qui permettent la production de protéines. Les viroïdes sont des acides nucléiques mais ne portent pas les informations nécessaires à la synthèse de protéines et les prions n'ont tout simplement pas de génome.

De façon intéressante, les propriétés qui semblent distinguer les virus des entités plus simples qu'eux – être des assemblages moléculaires et avoir des gènes – se retrouvent chez les structures plus complexes que les virus. À l'inverse, les caractéristiques qui différencient les virus des entités plus complexes, comme se multiplier sans grandir ou ne pas posséder de cellule, sont partagées par les viroïdes et les prions. Le monde qui nous entoure n'est décidément pas facile à mettre en boîtes !

De nouvelles découvertes viennent régulièrement ébranler nos définitions, et la notion de « virus » va devoir s'adapter aux surprises que nous réserve la virosphère. En fait, ça a déjà commencé.

Des virus de plus en plus gros

Dès les premiers balbutiements de la virologie, les virus ont été considérés comme des agents infectieux de petite taille, qu'on pouvait séparer des autres entités biologiques grâce à une filtration. Si aucune taille limite n'avait été formellement définie, la valeur de 200 nanomètres, c'est-à-dire 0,0002 millimètre, s'est plus ou moins imposée en raison des caractéristiques des filtres couramment utilisés en laboratoire. On sait depuis longtemps que ce seuil n'est pas discriminant : des bactéries plus petites étaient déjà connues au début du XXe siècle. Au-delà de l'idée de « petite taille », les définitions proposées pour la notion de virus n'incluent d'ailleurs pas de valeur de taille maximale, vous allez bientôt comprendre pourquoi.

Malgré cela, considérer les virus comme des agents filtrables a biaisé l'approche des virologues pendant plus d'un siècle ! La première étape de l'étude d'un échantillon consistait en effet à le filtrer pour se débarrasser de tous les « gros » constituants et se concentrer sur les virus. Une méthode qu'on peut comprendre, mais qui a un énorme inconvénient : les éléments qui ne traversaient pas le filtre n'étaient jamais étudiés par les virologues… Il a fallu attendre 2003 pour que cela change.

En 1992, une épidémie de pneumonie dans un hôpital de la ville anglaise de Bradford amène le microbiologiste Timothy Rowbotham à faire des prélèvements pour chercher les bactéries responsables. L'un d'entre eux, récupéré dans l'eau d'une tour de refroidissement, réserve une surprise. Rowbotham y découvre des amibes, des eucaryotes unicellulaires, dont certaines semblent infectées par un parasite d'environ 500 nanomètres de diamètre, visible au microscope optique. L'identifiant comme une bactérie, il le baptise *Bradford coccus*. Malgré un certain nombre de tentatives, Rowbotham ne réussit jamais à cultiver cette bactérie en l'absence d'amibe et l'échantillon retourna au fond d'un congélateur, sans qu'aucune publication scientifique soit faite à son sujet.

La deuxième vie de ce prélèvement s'est déroulée à Marseille, où il avait été apporté par un jeune chercheur anglais en 1995. Celui-ci venait travailler pour quelques années dans un laboratoire spécialisé dans l'étude de certaines bactéries, dirigé par Didier Raoult. Dans un premier temps les chercheurs marseillais se heurtèrent eux aussi à des difficultés, n'arrivant pas à caractériser le génome de ce fameux *Bradford coccus*. Et pour cause : ils utilisaient des techniques ciblant des gènes de bactéries. Le déclic est venu quand ils ont décidé d'observer ce parasite récalcitrant au microscope électronique. Avec un niveau de grossissement suffisant, il devenait clair que celui-ci ne ressemblait pas à une bactérie, mais à un virus.

Trois équipes de recherche marseillaises ont collaboré pour étudier ce nouveau virus et leurs résultats ont été publiés en 2003 dans un article intitulé « Un virus géant d'amibe ». Un titre assez sobre, qui imposera le vocabulaire utilisé pour décrire ce qui s'avère être une révolution ! Car ce nouveau virus forme des particules de 400 nanomètres de diamètre, sur lesquelles sont fixées des fibres de plus de 100 nanomètres de long. Le diamètre de l'ensemble mesure environ 700 nanomètres, c'est-à-dire plus de trois fois ce qui était implicitement considéré jusqu'alors comme la taille maximale des virus. Pas étonnant que Mimivirus, baptisé en référence à sa confusion avec une bactérie (Mimivirus vient de *mimicking microbe virus*, soit littéralement « virus ressemblant à un microbe »), ait été considéré comme géant… et ce n'était qu'un début.

Les découvertes de virus géants se sont enchaînées, notamment grâce au travail du laboratoire marseillais créé et codirigé par Chantal Abergel et son mari, Jean-Michel Claverie[13]. Ayant pris la mesure de l'importance des virus géants après avoir participé à l'identification de Mimivirus, ces chercheurs ont choisi de réorienter totalement le travail de leur équipe vers cette thématique. Ils ont supposé, pour reprendre leurs mots, « que cette découverte inattendue n'était pas celle d'un monstre de foire isolé, mais celle d'un pan entier de la virologie resté inexploré ». Bien vu : Mimivirus a désormais de nombreux cousins, suffisamment différents les uns des autres pour être répartis en plusieurs familles de virus géants.

Ce domaine de recherche, qui n'a même pas vingt ans, a déjà donné lieu à quelques scénarios incroyables. Comme Mimivirus, les Pandoravirus et les Pithovirus avaient été observés et mis de côté plusieurs années avant que l'équipe d'Abergel et Claverie ne les identifie comme des virus. Mais cette anecdote est forcément éclipsée par l'origine des Pithovirus et des Mollivirus ! Ils ont été purifiés à partir d'un échantillon de pergélisol vieux de plus de 30 000 ans, ce qui en fait les plus anciens virus infectieux connus. Car, après décongélation dans des conditions optimales, ces virus se sont avérés capables de proliférer aux dépens d'amibes actuelles.

Certains virus géants peuvent mesurer plus de 2 micromètres de longueur, soit deux fois la taille moyenne d'une bactérie. C'est par exemple le cas des Tupanvirus, des membres de la famille de Mimivirus qui ressemblent à de petites ampoules recouvertes de picots. On pense aujourd'hui que les virus géants jouent un rôle important dans les écosystèmes marins, mais leur présence ne se limite pas à cet environnement, loin de là. Un article de 2018 ayant décrit pas moins de seize virus géants dans un unique échantillon de sol en est la preuve éclatante. En revanche, tous les virus géants connus infectent des eucaryotes unicellulaires. Est-ce une de leurs caractéristiques ou la conséquence de biais liés aux techniques utilisées pour les identifier ? L'avenir nous le dira !

Génomes de géants

La découverte des virus géants a chamboulé notre perception des virus comme étant « petits », en montrant que certains d'entre eux sont plus gros que des bactéries. Elle remet aussi en question la vision selon laquelle les virus seraient des entités minimalistes, car les génomes de ces géants sont également d'une taille et d'une complexité surprenantes.

Alors qu'on était habitué à des génomes viraux de quelques milliers de caractères, ceux des virus géants en contiennent plusieurs centaines de milliers. Voire plusieurs millions pour certains Pandoravirus. Leur nombre de gènes est aussi beaucoup plus important. J'ai pu vous présenter les principaux gènes des rétrovirus dans le chapitre 3 car ils n'en ont qu'une dizaine. Je ne tenterai pas le même exercice pour les plus de 2 500 gènes des Pandoravirus. Ce serait long, peu intéressant à lire et j'aurais de toute façon du mal à vous en dire grand-chose : 90 % d'entre eux ne ressemblent à rien de connu. L'identification de nombreux gènes sans équivalent répertorié paraît être une conséquence courante de notre exploration de la virosphère. Mais dans le cas des virus géants, les gènes similaires à ceux déjà connus étaient eux-mêmes très surprenants.

En effet, si certains virus possèdent des gènes qui permettent de fabriquer la machinerie qui recopie leur génome, tous étaient considérés comme strictement dépendants des cellules infectées pour exprimer leur information génétique. Car aucun virus ne possédait de gène permettant de fabriquer des ARN messagers à partir du génome viral, ou de synthétiser des protéines virales à partir de ces ARN messagers. Avant la découverte des virus géants.

Plusieurs d'entre eux ont des gènes qui codent pour des composants des machineries impliquées dans la production des protéines, voire des ARN messagers. Des virus peuvent donc contribuer à ces fonctions qu'on considérait comme spécifiques des organismes cellulaires ! L'étude des génomes des virus géants a montré qu'ils possèdent également des gènes impliqués dans le transport de molécules, la réparation des dégâts causés à l'ADN ou le contrôle du repliement des protéines. Cependant, aucun virus connu ne possède de quoi fabriquer une machinerie permettant d'effectuer ne serait-ce qu'une de ces fonctions de façon autonome. Même si on mettait toutes les ressources nécessaires à la disposition des virus géants, il leur manquerait une partie des outils. Existe-t-il des contre-exemples que nous n'avons pas encore découverts ? Mystère !

Les virus géants possèdent en tout cas des gènes qui n'avaient jamais été observés chez des virus et qu'on pensait être propres aux cellules. Ce mélange des genres suggère que, peut-être, les virus ont été, sont ou peuvent devenir capables d'effectuer eux-mêmes plus de tâches qu'on ne le croyait. Ce qui conduit une fois de plus à questionner la façon dont on les définit.

La découverte de virus de taille et de complexité croissantes ne cesse, depuis bientôt vingt ans, d'élargir notre vision de ces entités. L'esprit ouvert et armés d'outils de plus en plus puissants, les virologues de demain auront fort à faire pour explorer une matière noire virale encore pleine de mystères.

Peut-être pourront-ils un jour répondre avec certitude à une question qu'on me pose souvent : est-ce que les virus sont vivants ? À l'heure actuelle il me semble difficile de trancher mais finalement, comme pour beaucoup de questions, le plus intéressant dans celle-ci n'est pas la réponse qu'on pourrait lui apporter. Ce sont les interrogations secondaires qu'elle soulève, à savoir : qu'est-ce qu'un virus ? Et qu'est-ce que le vivant ?

Les virus sont-ils vivants ?

Ces dernières pages vous amènent sans doute à prendre la notion de virus avec de plus en plus de précautions. D'ailleurs, même si vous l'avez certainement perçu, autant le dire franchement : je suis virologue et je suis incapable de vous donner une définition claire et pertinente de ce qu'est un virus. Cela n'empêche évidemment pas de chercher des caractéristiques plus ou moins spécifiques de ces entités, mais il y a des chances pour que les raisonnements que je vous ai présentés jusqu'ici s'appuient sur une conception complètement biaisée de la nature des virus. Le moment est venu de vous expliquer pourquoi.

Un changement progressif de regard

J'ai suivi depuis le début de ce livre la vision historiquement dominante, qui considère les virus comme des particules virales qui connaissent une phase de multiplication au moment où elles infectent et piratent une cellule. Cette façon de penser a plusieurs origines. Pour commencer, la structure des particules virales est bien définie, alors que l'organisation des molécules virales dans une cellule infectée est plus fluctuante. L'étape de prolifération est par ailleurs restée mystérieuse bien après les premières observations microscopiques de particules virales. Enfin, en considérant les virus comme des agents infectieux, on se préoccupe avant tout de ne pas les attraper, donc d'éviter les particules virales.

Mais en fait, se concentrer sur les particules virales pour définir les virus n'est pas logique. Cela revient à les assimiler à des structures inertes, caractérisées par leur phase de dissémination plutôt que leur phase de prolifération. Exactement comme si on définissait les végétaux en étudiant les graines et en négligeant les plantes et leur croissance.

L'absurdité de cette façon de voir les choses a été signalée à plusieurs reprises au cours du XXe siècle, sans que cela amène à proposer un autre regard. En 1957, dans sa synthèse *Le concept de virus*, que j'évoquais en fin de chapitre 2, Lwoff écrivait déjà : « Une définition du bactériophage ne saurait être centrée sur la particule infectieuse. » Ça l'amenait à placer les phases de dissémination et de multiplication sur un pied d'égalité et à se concentrer sur le matériel génétique, unique élément conservé dans les deux cas. Mais quelques pages plus tard, sa proposition de définition générale des virus ne s'appuyait pourtant que sur les caractéristiques des particules virales. Il soulignait par exemple, comme je l'ai moi-même évoqué dans cet ouvrage, que les virus ne contiennent qu'un seul type d'acide nucléique, de l'ADN ou de l'ARN. Pourtant, lorsque le génome d'un virus à ADN s'exprime dans une cellule infectée, des ARN messagers correspondant aux gènes viraux sont bel et bien produits !

Lwoff est en cela très représentatif des virologues du XXe siècle et de la majorité des virologues actuels : il reconnaît l'existence et l'importance de la phase de multiplication virale dans les cellules infectées, mais assimile les virus à des génomes entourés dans des protéines, c'est-à-dire à des particules virales. Un des premiers microbiologistes à avoir proposé une autre vision des virus est Claudiu Bandea, en 1983. Dans un article consacré à une réflexion sur l'origine et la nature des virus, il a défendu une définition de ces entités centrée sur leur phase de prolifération. Une idée avant-gardiste qui n'a été reprise qu'une vingtaine d'années plus tard.

En 2006, la découverte des virus géants est passée par là et Jean-Michel Claverie propose de revoir notre conception des virus. Il fait remarquer qu'en se focalisant jusqu'alors sur les particules virales, les spécialistes ont peut-être fait l'erreur classique de regarder le doigt qui montrait la Lune, au lieu de s'intéresser à la Lune elle-même. L'unité à considérer selon lui serait plutôt ce qu'on désigne sous le nom d'usines virales, des structures mises en place dans les cellules infectées par certains virus, au sein desquelles les composants viraux sont synthétisés. Les particules virales ne seraient que des unités de dissémination permettant la mise en place de nouvelles usines virales et, pour reprendre les mots de Claverie, « interpréter les particules virales comme étant des virus revient à regarder un spermatozoïde et le considérer comme un humain ».

Cette vision reste minoritaire mais commence à se répandre parmi les personnes qui s'intéressent à la nature des virus et essayent d'affiner leur définition. Quelques semaines après la publication de l'article de Claverie, des réflexions proches des siennes sont partagées par le virologue germano-américain Eckard Wimmer. Quatre ans auparavant, son équipe de recherche a, pour la toute première fois, obtenu des particules virales à partir d'un génome du virus de la poliomyélite entièrement synthétisé en laboratoire. Ce travail a suscité beaucoup de questions et de critiques éthiques, la possibilité de fabriquer des virus artificiels n'étant évidemment pas anodine. Surtout moins d'un an après les attentats du 11 septembre 2001, qui ont été suivis d'une série d'attaques biologiques ciblées, utilisant des enveloppes contaminées par la bactérie responsable de la maladie du charbon, plus connue sous son nom anglophone d'anthrax.

Mais produire des virus à partir de molécules inertes a aussi amené les chercheurs à s'interroger sur la nature de ces entités. En 2006, donnant son avis sur le caractère vivant ou non des virus, Wimmer écrit ainsi : « En dehors des cellules hôtes, le poliovirus est aussi inerte qu'une balle de ping-pong. » En revanche, il considère qu'une fois entré dans une cellule, le virus « suit les lois qui s'appliquent aux entités vivantes ». Il va même jusqu'à suggérer qu'on puisse considérer le mélange des génomes de plusieurs virus ayant infecté la même cellule comme de la reproduction virale sexuée !

Il s'oppose cependant à Bandea et Claverie, pour qui l'accent mis sur l'étape de prolifération des virus amène clairement à les considérer comme vivants. Selon Wimmer, les virus alternent entre une phase de multiplication au cours de laquelle ils sont vivants et une phase de dissémination au cours de laquelle ils sont inertes, c'est-à-dire « non vivants » mais pas morts. De son point de vue, les virus ne meurent pas, ils passent alternativement d'un état vivant à un état inerte. Cela peut sembler difficile d'admettre que ces caractéristiques incompatibles cohabitent, mais Wimmer souligne qu'il a fallu des décennies aux physiciens pour accepter que la lumière est à la fois une onde et une particule… Après tout, pourquoi les virus devraient-ils rentrer dans une case unique ?

La virocellule, une nouvelle référence ?

Je tiens à souligner que ces points de vue restent aujourd'hui minoritaires. Même s'il sait bien qu'un virus ne se réduit pas à sa phase de dissémination, si vous demandez à un virologue de vous en décrire un, il commencera vraisemblablement par vous dire que « c'est un virus qui a telle forme, telle taille et contient telles molécules », donc par vous faire le portrait non pas du virus, mais de la particule virale. La majorité des virologues ne considèrent d'ailleurs pas les virus comme des êtres vivants. Néanmoins, la découverte des virus géants suscite des réflexions de plus en plus ouvertes sur leur nature.

Patrick Forterre, microbiologiste à l'institut Pasteur et professeur à l'université Paris-Saclay, est notamment connu pour son travail sur les archées. Il s'intéresse de façon générale à la classification du vivant et, par extension, à la place à accorder aux virus. Depuis le début des années 2010, il développe et affine une théorie qui consiste à renverser totalement la vision que nous avons de ces entités. Comme d'autres points abordés dans ce chapitre, c'est une réflexion qui est surtout conceptuelle, mais cela ne la rend pas moins intéressante !

Rejoignant les raisonnements de Bandea, Claverie et Wimmer, Forterre considère les particules virales comme des structures de dissémination inertes et propose de se concentrer sur la phase de réplication pour définir les virus. L'originalité de son propos est que, pour lui, l'unité de base à prendre en compte n'est pas une sous-partie de la cellule infectée, mais la cellule infectée, entière. Il la renomme virocellule[14] pour la distinguer des cellules classiques.

Cette façon de voir les choses peut sembler originale, voire farfelue, mais elle repose sur des données. Les cycles de prolifération de nombreux virus montrent qu'ils sont capables de chambouler totalement le fonctionnement des cellules qu'ils infectent, pour les transformer en usines à fabriquer de nouvelles particules virales[15]. Cela implique de détourner la machinerie d'expression des gènes, pour qu'elle se concentre sur ceux du virus plutôt que ceux de la cellule, et de récupérer les ressources nécessaires. Quitte à pousser la cellule à produire plus de ressources et d'énergie, s'il n'y en a pas assez pour permettre une multiplication virale efficace. Cela peut aussi nécessiter la mise en place d'outils qui dissimulent l'infection, en empêchant la détection de la cellule contaminée par le système immunitaire.

Une cellule infectée dans laquelle un virus prolifère est radicalement différente d'une cellule classique. Ces changements étant dus à la présence du virus et aboutissant à la production de particules virales, considérer la cellule infectée comme la phase principale du cycle de vie d'un virus n'est pas si étrange. En tout cas pas plus que de définir les virus et leurs propriétés en ne se concentrant que sur les particules virales, qui sont des unités temporaires de dissémination au même titre que des graines, des spermatozoïdes ou des grains de pollen.

Or, prendre la virocellule comme élément de base de définition des virus change beaucoup de choses. Dans ce cadre, la question de les considérer comme vivants ou non ne se pose plus. Les virus deviennent des organismes cellulaires, capables de tirer de l'énergie et de la matière de leur environnement. Ils sont donc indiscutablement vivants, même si parasitaires.

Cela oblige en revanche à revoir à la baisse le nombre de virus existants. En effet, on n'estime pas le nombre d'arbres dans une forêt en comptant les graines dans le sol. Donc, si un virus est une virocellule, on ne peut pas évaluer la quantité de virus en dénombrant les particules virales. En assimilant virus et particules virales, les virologues estimaient qu'il y avait globalement dix fois plus de bactériophages que de bactéries sur Terre. Mais comme on pense qu'environ une bactérie sur cinq est infectée par un bactériophage en cycle lytique, en considérant les virus comme des virocellules, il y a cinq fois moins de bactériophages que de bactéries.

Cela amène aussi à repenser le cas des bactériophages lysogéniques et des autres virus qui peuvent être présents dans une cellule sans altérer son fonctionnement. Il ne s'agit alors pas d'une virocellule à proprement parler ! Forterre propose de considérer dans cette situation que les deux organismes, la cellule et le virus, cohabitent. Chacun pouvant prendre le pas sur l'autre selon l'évolution de la situation.

Certains chercheurs sont peu convaincus par cette tentative de redéfinition des virus, considérant qu'il s'agit surtout de jouer sur les mots. Beaucoup, n'ayant aucun problème à étudier des entités à la définition fluctuante, se préoccupent peu, voire pas, de ces propositions conceptuelles. Mais certains ont trouvé l'idée suffisamment pertinente pour adopter ce nouveau mode de raisonnement. Plusieurs équipes qui s'intéressent à la façon dont les cellules récupèrent et utilisent de l'énergie, c'est-à-dire à leur métabolisme, s'appuient désormais sur la notion de virocellule pour décrire les perturbations causées par une infection virale.

Je ne sais pas dans quelle boîte les virologues de demain finiront par ranger les virus, mais j'aime l'idée qu'elle sera peut-être très différente de celle qu'on m'a enseignée il y a seulement une dizaine d'années ! En attendant, tout en ayant conscience que ça dépend des définitions qu'on choisit d'utiliser pour les notions de virus et de vivant et que ce n'est pas purement factuel, je fais partie des personnes qui considèrent que les virus sont vivants.

Une conviction que renforcent des résultats récents, indépendants du concept de virocellule et qui ne considèrent pas les particules virales comme des entités inertes. Depuis 2017, plusieurs publications scientifiques ont en effet présenté des données qui montrent que différents types de virus sont capables de communiquer entre eux, par le biais de signaux moléculaires. Certaines observations allant dans ce sens avaient déjà été faites auparavant, mais les démonstrations s'accumulent. On commence désormais à décortiquer les mécanismes impliqués et à mesurer les avantages que les virus pourraient tirer de ces communications.

Considérer les virus comme capables d'échanger des informations influence forcément la manière dont on les perçoit et doit amener à revoir la façon dont on les étudie. En 2017, certains chercheurs ont ainsi proposé de créer une nouvelle discipline, consacrée à l'étude de la vie sociale des virus : la sociovirologie. Cela semble un peu fou, mais ce n'est après tout pas la première fois que ces entités nous surprennent. En juin 2019, un congrès réunissant des spécialistes des micro-organismes a, pour la première fois, consacré une session à la sociovirologie. Peut-être sommes-nous en train d'assister à la naissance d'un important domaine de recherche !

Satellites et poupées russes

Au-delà de la découverte des virus géants, leur étude a fini par fournir un nouvel argument aux défenseurs du caractère vivant des virus. Pour comprendre son ampleur, il faut remonter aux années 1930.

Comme évoqué au chapitre 2, les phytopathologistes de l'époque s'appuyaient énormément sur les techniques de cristallisation et d'analyse moléculaire pour étudier les virus végétaux. En 1938, un certain Norman Pirie[16] a purifié le virus de la nécrose du tabac. Il n'a pas obtenu un produit pur, mais un mélange de deux types de structures composées de protéines et d'acides nucléiques. Les propriétés des éléments de ce mélange ont occupé Pirie et son collaborateur Bawden[17] pendant vingt ans, sans qu'ils ne parviennent à démêler les effets des différents types de particules virales qu'ils observaient.

Il fallut pour cela attendre le début des années 1960 et le regard neuf d'un autre virologue travaillant en Angleterre, Basil Kassanis. Le mélange contenait en fait deux types de virus : celui responsable de la nécrose du tabac et un autre, plus petit, qui ne pouvait proliférer que dans des cellules déjà infectées par le premier. Kassanis a présenté ses premiers résultats en parlant « d'activation » du petit virus par le plus gros et a proposé un vocabulaire pour décrire cette nouvelle situation. Le petit virus est devenu un virus « satellite », dont la réplication dépend de l'autre virus, quant à lui qualifié d'aidant ou d'auxiliaire[18].

On connaît aujourd'hui d'autres virus satellites, qui touchent aussi bien des animaux que des végétaux. Ils ont tous des génomes courts, d'environ un millier de caractères, codant pour très peu de protéines différentes, parfois une seule. Ces virus minimalistes n'ont pas la capacité de détourner le fonctionnement d'une cellule et ne peuvent proliférer que si celle qu'ils infectent contient déjà le virus aidant qui leur est nécessaire.

Il arrive parfois que la présence du virus satellite perturbe la multiplication de son virus aidant, mais ils ne sont pas considérés comme des virus de virus. Plutôt comme des virus altérés devenus dépendants, qui utilisent à la fois les outils de la cellule infectée et ceux de leur virus auxiliaire.

Les choses ont pris une nouvelle dimension en 2008. L'équipe de Didier Raoult, à la recherche de nouveaux virus géants, a exposé des amibes à l'eau d'une tour de refroidissement parisienne. Et bingo, les chercheurs y ont effectivement trouvé un cousin de Mimivirus, qu'ils ont baptisé Mamavirus. Mais son observation en microscopie a permis de se rendre compte qu'il n'était pas seul ! Un autre virus, environ dix fois plus petit, l'accompagnait.

Appelé Sputnik en référence au premier satellite mis en orbite autour de notre planète en 1957, l'équipe de Raoult considère pourtant qu'il ne s'agit pas d'un virus satellite. Avec son génome de 18 000 caractères et sa vingtaine de protéines, il est bien plus complexe que les virus de cette catégorie. Et, alors que les virus satellites gravitent tranquillement autour de leurs virus aidants en profitant de la situation, Sputnik paraît agresser directement Mamavirus. En effet, les copies de Sputnik sont produites uniquement dans les usines virales mises en place par Mamavirus, pas dans les autres parties de la cellule. Ce qui n'est pas sans conséquence : non seulement la cellule doublement infectée produit moins de particules de Mamavirus, mais en plus certaines d'entre elles sont difformes.

Sputnik est manifestement un parasite qui se reproduit aux dépens d'un autre parasite. Un virus de virus que les chercheurs, en hommage aux bactériophages de Félix d'Hérelle, présentent comme un virophage. Encore une boîte supplémentaire ! Différencier virus satellites et virophages a évidemment fait débat, car il s'agit de situations qui présentent de nombreux points communs à quelques nuances près. Aujourd'hui on considère que la particularité des virophages est qu'ils se multiplient en utilisant la machinerie des virus qu'ils parasitent, pas celle de la cellule. Tous les virophages connus semblent dépendre de virus géants et ceux-ci ont effectivement des outils moléculaires spécifiques, qu'on peut distinguer de ceux de la cellule infectée. Mais je suis prête à parier qu'on finira par trouver une situation intermédiaire qui ne rentrera pas dans ces cases…

Depuis 2008, une dizaine de virophages ont été identifiés et étudiés en laboratoire, auxquels s'ajoutent ceux dont les génomes ont été repérés dans des données de métagénomique et qui restent à caractériser plus finement. On connaît leurs structures et leurs gènes, on commence à reconstruire leur histoire évolutive et on décortique petit à petit la façon dont ils interagissent avec les entités qu'ils infectent. C'est-à-dire d'autres virus !

Ce n'est pas la première fois qu'on découvre des parasites de parasites. Les guêpes parasitoïdes dont on parlait au chapitre 3 sont elles-mêmes parasitées par d'autres insectes. Du gui peut se retrouver à pousser sur du gui, qui pousse lui-même sur une autre plante. Des virus infectent des puces qui se nourrissent du sang de mammifères. Tous ces phénomènes correspondent à ce qu'on appelle de l'hyperparasitisme. Mais en général il n'y a pas de doute sur la nature vivante de l'espèce parasitée. Est-ce que le fait qu'un virus puisse être infecté par un autre virus est un argument pour les considérer comme vivants ? Le débat est ouvert.

Sans compter que nous ne faisons manifestement que commencer à ouvrir les poupées russes. Plus on étudie les virophages, plus il semble qu'on puisse décaler d'un cran tout notre référentiel. Les cellules ont des mécanismes pour se défendre des virus ? On commence à identifier chez les virus géants ce qui paraît être des moyens de défense contre les virophages. La compréhension des interactions entre les virus géants et leurs hôtes doit elle-même prendre en compte l'existence des virophages. Une sorte de billard à trois bandes qui n'a sans doute pas fini de nous surprendre : une équipe allemande a montré en 2016 que certaines amibes avaient intégré le génome d'un virophage, ce qui permettrait de les protéger contre des virus géants.

On peut encore ajouter un niveau de complexité à ce casse-tête. Je vous expliquais au chapitre 3 que les cellules contiennent des éléments génétiques mobiles, dont certains sont d'anciens virus, qui peuvent parfois être transportés par des virus actifs, comme dans le cas de la transduction bactérienne. Tout ça existe également en version virus géants, avec des séquences mobiles qu'on a appelées transpovirons…

Ne vous arrachez pas les cheveux, on va s'arrêter là pour l'instant. Les virus géants sont connus depuis moins de vingt ans et les virophages depuis moins de quinze. Les chercheurs commencent à peine à défricher ce nouveau niveau d'imbrication, laissons-leur le temps d'y voir plus clair avant d'essayer d'en faire une synthèse !

Potentiel médical des virus

Les virus causent des maladies mais ils ont aussi de nombreux aspects positifs. Ils sont à l'origine de découvertes fondamentales, comme le fait que les acides nucléiques portent l'information génétique. Ils sont un moteur important de l'évolution, que ce soit en provoquant des contraintes qui aboutissent à la sélection de certaines caractéristiques ou en fournissant directement de nouveaux gènes à des organismes. Et ce sont désormais des outils couramment utilisés par les chercheurs et de plus en plus souvent envisagés par les médecins. Non seulement ils ne nous rendent pas systématiquement malades, mais les virus peuvent au contraire nous soigner.

Lutter contre les bactéries

Les premiers virus qui ont été considérés comme des traitements potentiels de maladies non causées par eux sont les bactériophages[19]. En effet, comme évoqué au chapitre 2, dès ses premières observations partagées en 1917, Félix d'Hérelle constate que ces nouvelles entités sont capables de détruire les bactéries et suggère de les utiliser pour soigner les maladies d'origine bactérienne.

Il met très rapidement cette idée en pratique sur des patients souffrant de dysenterie, puis sur des volailles touchées par la typhose aviaire en 1919. Les premiers résultats sont prometteurs et ce nouveau mode de traitement basé sur des virus suscite l'intérêt des scientifiques un peu partout dans le monde dès le début des années 1920 : la phagothérapie, le soin par les bactériophages, était née.

S'il est loin d'être le seul à la pratiquer, d'Hérelle tire une certaine renommée de cette démarche. Il se déplace en Indochine en 1920 pour traiter une maladie affectant les buffles, puis s'intéresse à des infections qui touchent les rats et les vers à soie. Quelques années plus tard, en Égypte, il guérit de façon spectaculaire quatre patients atteints de peste bubonique, avant de partir en Inde pour développer un programme de traitement du choléra. Enfin, au début des années 1930, il pose temporairement ses valises en Géorgie pour participer à la création d'un institut du bactériophage[20]. Les choses se compliquent en URSS, d'Hérelle rentre en France et son collaborateur George Eliava est exécuté, victime des purges staliniennes. L'institut, ouvert malgré tout, prendra son nom des décennies plus tard. Ce centre de recherche est aujourd'hui encore une référence concernant les bactériophages et leur utilisation thérapeutique.

La phagothérapie se développe progressivement pendant toutes les années 1920, jusqu'à susciter l'intérêt des compagnies pharmaceutiques, qui commercialiseront des traitements à base de bactériophages dans plusieurs pays (Allemagne, Angleterre, États-Unis, France…) dès les années 1930. C'est à l'époque la meilleure solution pour lutter contre les maladies bactériennes, mais elle est loin de faire l'unanimité. Les bactériophages sont encore un vif sujet de querelles au sein de la communauté scientifique. Le débat sur la paternité de leur découverte, attribuée à Twort ou à d'Hérelle, et celui sur leur nature s'alimentent mutuellement. Chaque camp est trop figé dans ses positions pour observer la phagothérapie avec un regard vraiment rationnel et dépassionné.

Les techniques de l'époque, limitées par le manque de compréhension de ce que sont exactement les bactériophages, conduisent de plus à des résultats très aléatoires. La récupération des virus thérapeutiques est mal maîtrisée, les paramètres qui influencent leur efficacité ne sont pas compris, la production en grandes quantités pour répondre aux besoins est impossible… Dans certains cas les bactériophages soignent les patients de façon spectaculaire, alors que dans d'autres ils sont totalement inefficaces, sans que la raison en soit claire. La phagothérapie était donc très utilisée, mais un peu à l'aveugle et faute d'un meilleur traitement.

Parallèlement, dans un laboratoire de l'hôpital londonien Sainte-Mary, Alexander Fleming constate qu'une de ses cultures de bactéries a été contaminée par un champignon. Plus précisément par une moisissure de l'espèce *Penicillium notatum*, cousine du *Penicillium roqueforti* qu'on trouve dans certains fromages. Ce genre d'accident n'a rien d'exceptionnel[21], mais Fleming s'aperçoit qu'il n'y a plus aucune bactérie dans la zone en contact direct avec le champignon, ce qui est plus surprenant. Au lieu de tout jeter, il récupère le *Penicillium* et commence à l'étudier.

Il montre que celui-ci produit une substance capable de détruire certaines bactéries. Fleming teste son effet sur plusieurs espèces, en utilisant différentes doses, et la baptise pénicilline. De façon intéressante, ce produit est toxique pour certaines bactéries mais ne semble causer aucun dégât quand il est administré à des animaux ou mis en contact avec des globules blancs humains. Il pourrait donc permettre d'éviter les contaminations de certaines cultures par des bactéries au laboratoire mais aussi de détruire les bactéries qui causent des maladies. C'est en soulignant ces deux applications potentielles que Fleming termine la présentation de ses résultats, publiée en 1929.

Ce moment est aujourd'hui considéré comme un des tournants de l'histoire de la médecine, la découverte de la pénicilline, premier antibiotique, ayant complètement chamboulé notre façon de traiter les infections bactériennes. Mais à l'époque, l'article de Fleming a peu d'impact et ses recherches sur ce sujet sont rapidement compliquées par son incapacité à purifier la molécule de pénicilline. Il faudra attendre dix ans et la découverte de plusieurs composés aux propriétés similaires pour que la recherche sur la pénicilline reprenne, toujours dans un laboratoire anglais.

Seulement, la situation géopolitique ne s'est pas arrangée entretemps et, alors que la compréhension de la pénicilline progresse en Angleterre, d'autres pays européens sont envahis par l'armée allemande. Même au nord de la Manche, la Seconde Guerre mondiale complique énormément le travail des chercheurs. Des collaborations sont finalement mises en place avec des équipes américaines, dont les moyens sont moins limités. Alors que la recherche sur la phagothérapie avait été mondiale dans les années 1920 et 1930, celle sur les antibiotiques au début des années 1940 est très localisée.

La médecine a été modelée par l'histoire bien après 1945, avec un impact durable sur la façon dont ont été gérées les maladies bactériennes. Pendant les décennies de la guerre froide, le bloc de l'Ouest s'est appuyé sur les travaux initiés par les Anglais et les Américains et a largement développé l'usage des antibiotiques. Faciles à produire, à stocker et à administrer, très efficaces sur de nombreuses bactéries, ceux-ci ont remplacé les bactériophages. À l'inverse, le bloc de l'Est, n'ayant qu'un accès limité à ces nouveaux traitements, s'est appuyé sur la phagothérapie et de nombreux travaux ont été menés en Géorgie et en Pologne. Les résultats obtenus, généralement publiés en russe et non en anglais, restaient inaccessibles à une bonne partie des laboratoires internationaux.

Antibiotiques et résistance

Les antibiotiques, peu chers et permettant d'éliminer les bactéries de façon spectaculaire, ont néanmoins un inconvénient majeur. Fleming l'avait d'ailleurs déjà mentionné dans son discours de réception du prix Nobel de médecine en 1945 : les bactéries peuvent y devenir résistantes. C'est dû à deux phénomènes qu'on a déjà évoqués, l'évolution et les transferts de gènes horizontaux.

Lorsqu'une population de bactéries est mise en contact avec un antibiotique, celui-ci sélectionne mécaniquement les bactéries résistantes, qui survivent et continuent à proliférer. Or la mortalité induite par l'antibiotique dépend de la quantité utilisée, ce qui a une conséquence un peu paradoxale. Une fois qu'on a commencé à prendre un antibiotique pour traiter une infection, il ne faut pas lésiner sur la dose. En effet, plus la quantité d'antibiotique à laquelle on confronte les bactéries est faible, plus les bactéries capables d'y résister et de transmettre cette capacité sont nombreuses. Au contraire, si on utilise beaucoup d'antibiotique, on a de bonnes chances de réussir à éliminer quasiment toutes les bactéries, même les plus résistantes, et d'éviter qu'elles ne propagent cette caractéristique. C'est pour ça que les médecins insistent sur le fait qu'il faut prendre le traitement jusqu'au bout, même si les symptômes disparaissent en cours de route. C'est important pour éviter de laisser survivre des bactéries résistantes.

On pourrait penser que ce n'est pas grave, il sera toujours temps de prendre de plus grandes quantités d'antibiotiques la prochaine fois pour éliminer les bactéries qui n'auraient pas eu leur dose. Mais les bactéries continuent à évoluer entretemps. Quand on sélectionne une population qui porte un gène de résistance, celui-ci mute toujours de façon aléatoire. Ce qui peut potentiellement aboutir à l'apparition de versions plus résistantes, qu'il deviendrait impossible d'éliminer. De plus, les bactéries échangent régulièrement des gènes par transformation, transduction et conjugaison. Laisser survivre des bactéries résistantes à un antibiotique revient donc à leur laisser la possibilité de transmettre cette capacité à d'autres bactéries qui, elles, n'ont pourtant jamais rencontré ce traitement. Si bien que la résistance des bactéries se propage finalement plus vite que l'utilisation des antibiotiques…

Ce raisonnement vous paraît sans doute peu encourageant et, malheureusement, il correspond bel et bien à ce qu'on observe. Même s'il y a des variations d'un pays à l'autre, qui s'expliquent notamment par des différences dans l'utilisation des antibiotiques, les observations de bactéries devenues insensibles à ces traitements sont de plus en plus fréquentes. Parallèlement, la mise au point de nouveaux antibiotiques ralentit. Au milieu du XXe siècle, les découvertes s'enchaînaient et permettaient de prendre les bactéries de vitesse. Mais cela fait plusieurs décennies que non seulement on trouve moins de nouveaux antibiotiques, mais qu'en plus ceux-ci ressemblent aux anciens, ce qui les rend plus faciles à contrecarrer pour les bactéries.

On est ainsi passé d'une époque où ces dernières représentaient un danger mortel à une période où elles étaient faciles à gérer, pour arriver aujourd'hui à une phase où, devenues capables de résister à nos outils thérapeutiques, elles redeviennent mortelles. Plusieurs centaines de milliers de personnes meurent chaque année d'infections par des bactéries résistantes aux antibiotiques. Si rien n'est fait, les spécialistes estiment que ce chiffre pourrait atteindre 10 millions de personnes en 2050, ce qui remettrait les maladies infectieuses sur le podium des causes de mortalité humaine les plus fréquentes. Alors, que faire ?

Le retour de la phagothérapie

Une des approches est de limiter au maximum la consommation d'antibiotiques pour ralentir l'apparition des résistances, ce qui a inspiré un certain nombre de campagnes de communication qui vous ont sans doute marqué si vous avez vécu en France dans les années 2000[22]. Une autre consiste à essayer de relancer la recherche de nouveaux antibiotiques pour prendre les bactéries de vitesse, mais elle n'a pas donné grand-chose ces dernières décennies. Parallèlement, les scientifiques ont aussi commencé à se réintéresser aux autres outils de lutte antibactérienne que sont les bactériophages !

Les connaissances ont progressé en un siècle. Notre compréhension de ces virus et des bactéries contre lesquelles ils permettent de lutter fait de la phagothérapie une démarche beaucoup moins aléatoire aujourd'hui qu'à l'époque de d'Hérelle. Indépendamment du phénomène de résistance, elle présente d'ailleurs plusieurs avantages par rapport aux antibiotiques. Le fait que les bactériophages se multiplient aux dépens des bactéries conduit par exemple ce traitement à se concentrer spontanément au niveau du site d'infection une fois qu'il l'a atteint. Il lui permet aussi de se renouveler sans avoir besoin de nouvelle administration, tant qu'il reste des bactéries sensibles. Les antibiotiques posent des difficultés pour cibler la zone infectée et maintenir une dose suffisante de traitement pendant plusieurs jours. Ces problèmes sont réglés avec la phagothérapie.

Un autre inconvénient majeur des antibiotiques est qu'il s'agit de bulldozers moléculaires. Ils détruisent de façon efficace de nombreuses espèces de bactéries, qu'elles soient dangereuses pour la santé ou tout à fait habituelles dans l'organisme. Les dégâts collatéraux des traitements sont énormes. Les bactériophages sont beaucoup plus spécifiques. C'était un inconvénient au début du XXe siècle, quand il était difficile de savoir exactement quelle bactérie causait une maladie, mais cela devient un avantage aujourd'hui. On peut désormais envisager de cibler uniquement les entités pathogènes, en laissant tranquilles les bactéries avec lesquelles nous cohabitons pacifiquement.

Ainsi, depuis les années 1980, les pays de l'ancien bloc de l'Ouest redécouvrent la phagothérapie. Les méthodologies modernes de recherche clinique commencent à être appliquées à cette technique, pour évaluer son efficacité thérapeutique réelle dans différentes situations.

On est cependant très loin de la pratiquer de façon simple et efficace, pour plusieurs raisons qui découlent toutes du même problème : il existe énormément de types de bactériophages et peu sont réellement connus.

Sur le principe, c'est très intéressant de considérer qu'on peut, pour chaque malade, identifier les bactéries responsables de son infection et le traiter avec les bactériophages correspondants. Mais en pratique nous sommes loin d'avoir constitué les banques de stockage de bactériophages nécessaires. Il faudrait répertorier méticuleusement des dizaines voire centaines de milliers de ces virus, en caractérisant chacun d'entre eux pour savoir contre quelles bactéries il est efficace et en s'assurant qu'il ne présente aucun danger pour les humains ou d'autres espèces qu'on voudrait soigner. Nous avons les outils technologiques pour le faire, mais la tâche reste quand même longue, fastidieuse… et potentiellement infinie, puisque les bactéries et leurs virus continuent à évoluer[23]. Cela n'a cependant pas arrêté les spécialistes et ce travail d'inventaire est en cours.

Il faudra aussi adapter nos normes pharmacologiques, qui sont pour l'instant pensées pour des molécules relativement inertes, éliminées plus ou moins rapidement par les malades. Les bactériophages sont quant à eux des entités dynamiques, qui continuent à évoluer et à se multiplier dans l'organisme du patient. Cela conduit forcément à des situations différentes, qu'il faudra pouvoir prendre en compte, contrôler et anticiper. Enfin, la phagothérapie est généralement pensée comme une approche « sur mesure », consistant à choisir les bactériophages les plus adaptés aux bactéries qui infectent un patient donné. Or, cette personnalisation du traitement est peu compatible avec le principe même des essais cliniques à large échelle, actuellement utilisés pour évaluer les traitements ! L'efficacité est beaucoup plus difficile à démontrer quand elle doit être suivie quasiment au cas par cas…

Pour se faire une idée de l'état actuel de la phagothérapie, le mieux est de s'intéresser à l'histoire des quelques patients qui ont récemment été traités avec des bactériophages. Ma préférée est celle de Steffanie Strathdee, ou plus exactement de son mari, Thomas Patterson. Ils étaient en vacances en Égypte en 2015 quand celui-ci a été contaminé par une bactérie résistante à tous les antibiotiques connus. À leur retour aux États-Unis, Thomas a été admis en soins intensifs dans une unité médicale de l'université de Californie à San Diego… où sa femme et lui étaient tous les deux chercheurs. Car la clé de cette histoire est que Steffanie Strathdee est épidémiologiste.

Cherchant désespérément une solution pour sauver son mari, elle a entendu parler de phagothérapie et a contacté de nombreux spécialistes des bactériophages pour leur demander leur aide. En quelques semaines, deux mélanges composés chacun de quatre virus actifs contre la bactérie qui infectait Thomas ont été produits. Une autorisation exceptionnelle d'utiliser ce type de traitement, pour un patient qui ne pouvait prétendre à aucune autre solution thérapeutique, avait aussi été obtenue. Les bactériophages ont été injectés par voie intraveineuse mais la bactérie est très rapidement devenue résistante à la plupart d'entre eux : les virus se ressemblaient suffisamment pour qu'une seule adaptation permette de quasiment tous les contrecarrer. Pendant ce temps, un autre bactériophage efficace a été trouvé, dans un centre de traitement des eaux usées[24]. Celui-ci a finalement permis de guérir Thomas !

C'est donc une histoire qui finit bien, mais qui montre que la phagothérapie est loin d'être une technique rodée et que l'utiliser demande d'avoir de la chance, un bon réseau et l'aide de plusieurs spécialistes. Strathdee est depuis devenue codirectrice du premier centre de recherche en phagothérapie des États-Unis et a contribué au traitement d'autres patients grâce à des bactériophages. Ce principe thérapeutique vieux d'un siècle est encore balbutiant, mais il progresse. Les techniques actuelles de biologie moléculaire et notre bonne compréhension des bactériophages permettent d'ailleurs d'envisager de nouveaux développements.

On sait par exemple qu'un certain nombre de protéines produites par des bactériophages possèdent une activité antibactérienne, même lorsqu'elles sont utilisées seules, en l'absence de virus fonctionnel. Ces molécules pourraient donc constituer de nouveaux traitements antibiotiques, issus de bactériophages. Enfin, nous sommes désormais capables de modifier génétiquement des bactériophages pour les rendre plus efficaces dans la lutte contre les bactéries pathogènes. Cela peut notamment passer par la suppression des gènes qui permettent au virus d'établir un cycle lysogénique, non dangereux pour la bactérie à court terme. En obligeant le virus à se multiplier de façon lytique, on augmente son agressivité et donc son efficacité en tant que traitement. Cette phagothérapie génétiquement assistée a été utilisée pour la première fois en 2019 et a permis de sauver la vie d'une adolescente anglaise.

Les scientifiques qui travaillent sur ce genre de projets doivent cependant être très prudents : injecter un virus à un patient pour le soigner revient à relâcher un virus dans la nature. Si celui-ci ne s'y trouvait pas auparavant, cela peut avoir de graves conséquences. Y compris s'il s'agit d'un virus qui infecte les bactéries ! Celles-ci sont invisibles à l'œil nu, mais représentent une grande partie de la biosphère et jouent un rôle important dans l'équilibre des écosystèmes.

Virus-valise

Si la première utilisation de virus aux génomes altérés dans une phagothérapie est très récente, l'idée de modifier génétiquement des virus et de les utiliser comme outils est beaucoup plus ancienne. Elle avait été mentionnée dès 1966 par le généticien américain Edward Tatum[25] ! On savait déjà, à l'époque, que les virus sont des transporteurs professionnels de matériel génétique, qu'il s'agisse du leur ou de celui d'autres organismes, comme dans le cas des transductions bactériennes. Il ne restait qu'à trouver des outils moléculaires permettant de modifier leurs génomes pour les utiliser comme des petites valises à gènes.

Les premières expériences dans ce domaine ont été réalisées dès le début des années 1970 et la modification génétique de virus est aujourd'hui une pratique courante dans les laboratoires de recherche fondamentale. J'ai moi-même passé une partie de ma thèse à insérer des gènes dans des versions déjà altérées de plusieurs types de rétrovirus. Cette activité n'est pas réservée aux personnages de fiction, dangereux irresponsables prêts à inonder le monde de virus mutants pour détruire l'humanité ! Cela dit, avant de vous expliquer pourquoi on modifie le génome de virus, j'aimerais vous décrire comment.

Quelle que soit l'application envisagée, on veut produire des particules virales qui contiennent le génome qui nous intéresse et présentent la protéine d'enveloppe, c'est-à-dire la clé moléculaire, de notre choix. Pour ça, on utilise des cellules qu'on fait pousser dans des boîtes en plastique et à l'intérieur desquelles on se débrouille pour faire rentrer trois morceaux d'ADN différents.

Un d'entre eux correspond au génome qu'on veut insérer dans nos particules virales, au sein duquel on place une séquence qui lui permet d'interagir avec les composants des particules et d'y être incorporé. Un autre contient le gène de la protéine d'enveloppe qu'on souhaite utiliser – choisir cette clé revenant à sélectionner les cellules dans lesquelles pourra entrer notre virus. Enfin, la dernière séquence regroupe les gènes qui permettent de synthétiser tout le reste ! C'est-à-dire les protéines structurales qui composeront les particules virales et les éventuelles autres protéines nécessaires pour que le génome qui nous intéresse s'exprime dans les cellules infectées.

Une fois ces trois morceaux d'ADN entrés dans une cellule, on laisse faire. Les gènes qu'ils portent vont s'exprimer et pirater les outils à leur disposition pour permettre la production de particules virales hybrides. On obtient des virus-valises, contenant notre colis génétique et portant l'étiquette d'adressage qui permettra d'atteindre le destinataire voulu. En deux mots, on a fabriqué ce que les spécialistes appellent un vecteur viral.

Il suffit d'attendre que ces particules soient libérées par les cellules productrices, ce qui prend quelques jours, puis de les récupérer en filtrant le liquide dans lequel baignent les cellules ou en le passant à la centrifugeuse (les techniques ont évolué, mais les principes de purification des virus sont les mêmes qu'il y a un siècle). Une fois nos vecteurs viraux isolés, on peut les conserver en les congelant ou les utiliser tout de suite pour infecter de nouvelles cellules. Voilà le principe général !

L'avantage de ce protocole est que la valise et son contenu sont produits à partir d'outils indépendants. On peut donc se débrouiller pour que le génome inséré dans les particules ne permette pas d'en fabriquer de nouvelles[26]. Je vous épargne les détails, mais récupérer des virus incapables de proliférer est une bonne façon d'éviter les scénarios de films catastrophes.

Souvent, le génome qu'on souhaite faire transporter aux vecteurs n'a rien à voir avec le virus utilisé comme emballage. On se débrouille pour qu'il contienne les séquences régulatrices qui permettent d'exprimer le ou les gènes qui nous intéressent, mais son insertion dans une cellule n'est pas comparable à une infection virale classique. Être emballé dans une particule virale ne fait pas de n'importe quel morceau d'ADN un génome viral, tout comme porter un costume de T-rex ne fera pas de vous un dinosaure.

Dans certains cas, on produit même des particules qui ne contiennent pas de génome. On parle alors de particules pseudo-virales plutôt que de vecteurs viraux. La dangerosité est ici particulièrement réduite. À défaut de transporter des acides nucléiques, ces structures permettent de faire rentrer des protéines dans des cellules et cela peut aussi être utile.

Il arrive cependant qu'on ait besoin de produire des vecteurs viraux capables de se multiplier, notamment quand on veut étudier la prolifération d'un virus. Cela n'empêche pas de prendre des précautions, par exemple en supprimant certains gènes, comme ceux impliqués dans la lutte contre le système immunitaire. Leur perte ne change pas grand-chose à la multiplication du virus dans des conditions de laboratoire, mais le rend beaucoup moins dangereux si, suite à un accident, un chercheur est contaminé.

De toute façon, ces vecteurs viraux ne sont ni produits ni utilisés sur un coin de table. On les manipule dans des pièces sécurisées, le degré de sécurité et les mesures correspondantes étant adaptés à la fois aux caractéristiques initiales du virus et aux modifications qu'on lui a apportées. Les chercheurs ont globalement intérêt à rendre leurs vecteurs viraux les plus inoffensifs possibles. Ils sont en effet les premiers à y être exposés ! Sans compter que plus les mesures de sécurité sont élevées, plus la réalisation des expériences est contraignante. Si pour ce que vous voulez tester, un vecteur très simplifié suffit, ce sera plus confortable d'utiliser celui-ci en travaillant avec une blouse et des gants dans une pièce dédiée que d'en prendre un autre, plus complexe, qui vous obligera à porter une seconde paire de gants, une charlotte, un masque, des lunettes de protection et des surchaussures tout en vous enfermant dans un laboratoire isolé de l'extérieur par un double sas.

Les vecteurs viraux permettent de profiter des capacités de transport des virus, pour en faire des outils personnalisés de diffusion d'acides nucléiques ou de protéines. Comme pour n'importe quel autre outil, leur manipulation peut présenter des risques et il est important qu'elle soit la plus sécurisée possible. Des précautions sont prises en rendant ces outils moins dangereux, voire en les transformant en simples transporteurs inoffensifs, mais aussi en encadrant leur utilisation.

Cela peut paraître déraisonnable d'utiliser des virus, car trop risqué. Mais il n'est pas non plus anodin de monter dans une voiture, même en portant une ceinture de sécurité, en suivant le Code de la route et en ne confiant le volant qu'à une personne qui a préalablement suivi et validé une formation. Si on se déplace quand même dans ces véhicules, c'est parce qu'ils sont puissants et pratiques. De la même façon, on se sert des vecteurs viraux parce qu'ils sont extrêmement utiles et que leurs utilisations médicales sont prometteuses.

Recherche et vaccination

Depuis les années 1970, les vecteurs viraux sont surtout utilisés dans les laboratoires de recherche fondamentale, y compris ceux qui travaillent sur des sujets sans lien avec la virologie. Quel que soit le gène qui intéresse un chercheur, celui-ci peut en effet forcer son expression dans des cellules en l'incorporant dans des vecteurs viraux et ainsi mieux comprendre son effet.

En choisissant l'acide nucléique qu'on fait transporter aux virus, on peut aussi provoquer l'expression de versions modifiées du gène étudié. Insertion de mutations observées dans la nature pour identifier leurs conséquences, ajout de marqueurs moléculaires fluorescents ou autres étiquettes minuscules, tout est théoriquement possible, surtout avec le progrès des outils d'édition génétique. On peut même faire transporter à des vecteurs viraux de quoi empêcher, de façon ciblée, l'expression de gènes cellulaires !

Toutes ces techniques sont des incontournables de la biologie fondamentale, qui facilitent la compréhension des mécanismes qui se déroulent dans les cellules de nombreux organismes. Cela dit, les vecteurs viraux ne sont pas la seule façon de faire rentrer des fragments d'ADN dans des cellules[27], on ne s'en sert que dans certaines conditions. Un de leurs avantages est qu'ils sont moins toxiques que les produits qu'on utilise dans les autres options. Ils sont donc très pratiques quand on étudie des cellules fragiles.

Par ailleurs, utiliser un vecteur viral permet de profiter des caractéristiques du virus utilisé pour le transport. Les rétrovirus sont capables d'insérer le génome qu'ils contiennent directement dans celui de la cellule infectée. Ils permettent ainsi d'obtenir une expression à long terme du gène étudié, qui est recopié avec le reste du matériel génétique et conservé lorsque les cellules se multiplient. C'est une solution beaucoup plus stable que celles reposant sur des agents chimiques, qui font rentrer de l'ADN dans les cellules sans l'intégrer dans leurs génomes.

Mieux comprendre les maladies et les agents infectieux permet d'améliorer la prise en charge des patients. Même si les vecteurs viraux n'étaient utilisés que comme des outils de laboratoire, ils auraient déjà un intérêt thérapeutique. Mais des applications plus directes sont désormais envisagées et pourraient bien devenir importantes dans un futur proche !

La capacité à modifier des virus de façon contrôlée intéresse notamment les spécialistes d'un domaine médical qui utilise des virus depuis plus de trois siècles : la vaccination. On utilisait au départ des petites quantités de fluides corporels contaminés à la variole pour essayer de protéger de cette maladie. Puis on s'est aperçu que la vaccine, une infection proche mais peu dangereuse pour l'humain, permettait de prémunir de la variole en prenant moins de risques. À la fin du XIXᵉ siècle, les travaux de Louis Pasteur sur la rage et d'autres agents infectieux l'ont amené à produire volontairement des souches de microbes atténuées, en essayant de les rendre protectrices et non dangereuses.

Pour qu'une vaccination soit efficace, il faut que la substance utilisée produise une réaction immunitaire suffisante pour induire la mise en place d'une mémoire à long terme, qu'elle ressemble assez au pathogène dont on veut protéger pour que cette mémoire permette de le cibler, y compris s'il évolue un peu, mais qu'elle ne cause pas elle-même de maladie.

Les agents infectieux vivants et atténués, comme ceux obtenus par Pasteur, sont une façon de remplir ces objectifs. Il existe aussi des vaccins qui contiennent des agents infectieux inactivés et d'autres à base de morceaux d'agents infectieux. Selon les cas, il faut parfois ajouter à ces composés des produits permettant de renforcer la réaction immunitaire, qui serait sinon insuffisante pour induire une mémoire[28]. Ou procéder à de nouvelles injections, dites de rappel, pour relancer la mémoire immunitaire qui diminue avec le temps.

Il reste cependant des maladies pour lesquelles la mise au point de vaccins est délicate, pour des raisons qui peuvent être très différentes d'un cas à l'autre. Dans ce contexte, les vecteurs viraux optimisés pour avoir les caractéristiques qu'on attend d'un vaccin pourraient être des outils précieux ! Une possibilité serait d'utiliser un virus connu pour produire une bonne mémoire immunitaire, auquel on ferait transporter des morceaux de l'agent infectieux contre lequel on veut vacciner. L'institut Pasteur de Paris travaille ainsi depuis plusieurs années sur le développement de vecteurs vaccinaux dérivés du virus de la rougeole.

L'idée d'utiliser des vecteurs viraux comme outils de vaccination est relativement récente et le nombre d'essais cliniques visant à évaluer leur efficacité a nettement augmenté dans la deuxième partie des années 2000. Or il faut des années pour concevoir, tester et produire un nouveau vaccin et les résultats se font un peu attendre. Mi-2020, les vaccins basés sur des vecteurs viraux qui ont été validés se comptent sur les doigts d'une main[29]. Le plus ancien utilise le virus de la fièvre jaune comme vecteur et protège contre le virus de l'encéphalite japonaise. Imojev, de son petit nom, est homologué dans certains pays depuis 2010. Les plus récents ciblent le virus Ebola et sont au nombre de trois. L'Ervebo, autorisé depuis 2019, est basé sur le virus de la stomatite vésiculaire alors que le Zabdeno et le Mvabea, autorisés depuis juillet 2020, reposent respectivement sur un adénovirus et une variante du virus de la vaccine.

Peut-être que d'autres les rejoindront dans les années à venir. On ne peut qu'espérer que cette technique donnera d'aussi bons résultats que l'utilisation des particules pseudo-virales ! Depuis la fin des années 1980, ces transporteuses de protéines aboutissent en effet à la validation régulière de nouveaux vaccins.

Soigner avec des gènes

La principale application médicale des vecteurs viraux n'a cependant rien à voir avec la démarche préventive de la vaccination. Son objectif est de les utiliser pour traiter une maladie déjà installée et qui, généralement, est due au dysfonctionnement d'un gène chez les patients. Le vecteur viral sert de valise, il permet d'amener jusqu'aux cellules malades une version efficace du gène, qui constitue le véritable traitement : d'où l'appellation « thérapie génique » !

Pour ce type d'approche, il y a peu d'alternatives aux vecteurs viraux. Certains essais cliniques utilisent de l'ADN seul, ou enfermé dans de petites bulles de gras à la composition proche de celle des membranes cellulaires. Mais plus des trois quarts des 3 milliers d'essais cliniques de thérapies géniques lancés avant 2020 impliquent des vecteurs viraux. L'histoire de cette approche médicale a donc logiquement suivi les progrès de la virologie et des techniques de modification génétique.

Les premières tentatives de traitement d'humains par thérapie génique remontent au tout début des années 1990. Elles ont concerné des patients atteints par une maladie particulièrement grave, un dysfonctionnement du système immunitaire qui appartient à la catégorie des déficits immunitaires combinés sévères. Ceux-ci sont causés par des mutations de gènes essentiels à la mise en place ou au maintien des cellules du système immunitaire. Les personnes touchées ont longtemps été appelées « enfants bulles » car, faute de pouvoir se défendre contre les agents infectieux, elles étaient contraintes de vivre dans des environnements stériles. Au début des années 1990, il n'y avait qu'une seule façon de les guérir : procéder à des greffes de moelle osseuse, tissu au sein duquel sont formées les cellules immunitaires qui circulent dans le sang. Une technique plutôt efficace, mais qui nécessite un donneur compatible pour que la greffe fonctionne. Or ce n'est pas toujours simple d'en trouver et les patients, particulièrement vulnérables, ne peuvent pas se permettre d'attendre longtemps. En l'absence de traitement, la plupart d'entre eux ne vivent qu'un ou deux ans. Cette situation rare mais désespérée justifiait de tenter d'autres approches médicales.

Le 14 septembre 1990, Ashanti DeSilva, âgée de 4 ans et souffrant d'un déficit immunitaire sévère causé par le dysfonctionnement d'un gène unique, est la toute première personne traitée par thérapie génique. Ses cellules immunitaires sont récupérées, mises en contact avec un vecteur viral contenant une version fonctionnelle du gène qui lui fait défaut, puis lui sont réinjectées par voie sanguine. Et ce, à plusieurs reprises. Quelques mois plus tard, Cynthia Cutshall, âgée de 9 ans et atteinte par la même maladie, suit un traitement identique. Dans les deux cas, c'est une réussite ! La situation des patientes s'améliore et elles peuvent poursuivre leur vie à peu près normalement. Ce premier essai clinique américain lance l'histoire de la thérapie génique humaine.

Des dizaines d'autres essais sont lancés, avec beaucoup d'enthousiasme et, même si c'est facile à dire après coup, clairement pas assez de prudence. La compréhension du fonctionnement moléculaire des virus détournés pour fabriquer des vecteurs viraux était très limitée. Jesse Gelsinger le paya au prix fort en 1999. Cet Américain de 18 ans était atteint d'une forme légère d'une maladie génétique conduisant à mal éliminer l'ammoniac. Il était soumis à des contraintes assez lourdes, comme un régime alimentaire spécifique et la prise de traitements quotidiens, mais sa vie n'était pas en danger. Il avait accepté de participer à un essai clinique à des fins de recherche, pas en espérant guérir lui-même. Il est décédé quatre jours après avoir reçu le vecteur viral, des suites d'une très forte réaction immunitaire.

L'histoire de la médecine est parsemée de drames de ce genre. Tester un nouveau traitement revient nécessairement à prendre des risques. Mais dans le cas de Jesse Gelsinger, plusieurs problèmes dans le déroulement de l'essai clinique ont été repérés *a posteriori* et ont amené à des sanctions. Les thérapies géniques sont pleines de promesses pour les malades concernés mais n'ont rien de miraculeux. Leur développement, comme pour n'importe quel dispositif médical, demande un strict respect des règles éthiques et une grande prudence. Ce n'est pas la même chose de tenter de traiter des patients aux situations désespérées et de tester des thérapies mal maîtrisées sur des personnes dont la vie n'est pas en danger.

L'évolution des thérapies géniques

Toujours en 1999, de l'autre côté de l'Atlantique, un nouvel essai clinique concernant des nourrissons atteints de déficits immunitaires démarrait en France. Il suivait un protocole assez proche de celui qui avait été utilisé pour Ashanti DeSilva et Cynthia Cutshall, mais en ciblant un autre gène nécessaire au bon fonctionnement du système immunitaire. Dix enfants ont été traités et neuf ont pu retourner à une vie quasiment normale. Mais cette fois-ci, l'enthousiasme a été de courte durée. L'essai clinique a été stoppé dès 2002 car quatre des neuf patients soignés ont développé des leucémies, c'est-à-dire des cancers… dus à une prolifération anormale des fameuses cellules du système immunitaire que les enfants, avant traitement, ne possédaient pas. Ces leucémies ont pu être contrôlées pour trois des malades mais un d'entre eux en est décédé. La situation n'est pas comparable à celle de Jesse Gelsinger, car cette thérapie génique a bel et bien augmenté la durée de vie de jeunes patients qui n'avaient pas d'autre espoir. Mais le développement d'un cancer n'est pas un effet secondaire anodin et les chercheurs, après avoir stoppé l'essai clinique, ont essayé de comprendre ce qui s'était passé.

Cette conséquence imprévue découle en fait des propriétés du vecteur viral utilisé. Pour permettre une expression à long terme du gène réparateur, le vecteur avait été construit à partir d'un rétrovirus, capable d'intégrer son bagage dans le génome des cellules des patients. Mais l'endroit auquel s'installe ce nouveau gène est aléatoire[30]. Or il était accompagné d'éléments caractéristiques des rétrovirus, dont les LTR, ces séquences régulatrices capables d'induire l'expression des gènes à côté desquelles elles se trouvent. Chez les enfants qui avaient développé des leucémies, le gène réparateur et ses LTR s'étaient insérés à proximité de gènes cellulaires dont la surexpression, due aux séquences régulatrices virales, a provoqué les cancers.

Forts de cette connaissance, les chercheurs ont modifié leur vecteur viral pour supprimer les séquences à l'origine des leucémies. Un nouvel essai thérapeutique a été lancé quelques années plus tard, impliquant des nourrissons qui souffraient de déficits immunitaires, sans donneur compatible pour une greffe et déjà atteints d'infections impossibles à traiter. Bref, des patients pour qui la thérapie génique était une dernière chance. Un d'entre eux est décédé des suites de sa maladie, un autre a finalement pu profiter d'une greffe. Les sept restants, traités avec le nouveau vecteur viral, ont été soignés et n'ont pas développé de leucémie depuis la présentation de ces résultats en 2014. C'était un progrès notable dans le traitement des déficits immunitaires lourds par thérapie génique ! Cependant, l'amélioration de la situation des patients restait partielle. Ils devaient suivre des traitements complémentaires car certaines cellules de défense de l'organisme étaient toujours absentes.

Une nouvelle étape a été franchie dans un essai clinique dont les résultats ont été publiés en 2019, toujours grâce à une compréhension plus fine des vecteurs viraux. Les tentatives dont on vient de parler reposaient sur des dérivés de rétrovirus, capables d'insérer leur contenu dans le génome cellulaire uniquement si la cellule se divise, ce qui modifie son organisation interne. Or les cellules du système immunitaire sont produites à partir de cellules souches qui se divisent très peu. Si bien que lorsque les prélèvements étaient mis au contact des vecteurs thérapeutiques, seule une minorité d'entre elles récupéraient effectivement le gène correcteur. Les chercheurs ont donc utilisé un nouveau vecteur, dérivé du VIH. Celui-ci appartient en effet à une catégorie particulière de rétrovirus, capables d'infecter des cellules qui ne se divisent pas. Huit enfants ont été traités et tous ont vu l'état de leur système immunitaire s'améliorer de façon plus efficace que dans les précédents essais cliniques. Deux ans après la thérapie génique, ils n'ont désormais plus besoin de traitement complémentaire.

Ces trois essais montrent à quel point l'efficacité et la sûreté d'un traitement par thérapie génique dépendent de la compréhension et de la conception des vecteurs viraux utilisés. En fonction des objectifs médicaux, de la taille du gène à insérer ou des cellules ciblées, les chercheurs ont désormais une petite gamme de virus à leur disposition. Les vecteurs les plus fréquemment utilisés sont dérivés d'adénovirus. Ils ne permettent pas le maintien à long terme des gènes thérapeutiques et provoquent de fortes réactions immunitaires[31], mais ils peuvent transporter des acides nucléiques relativement longs, ce qui est parfois nécessaire. Suivent les rétrovirus, les lentivirus, les virus adéno-associés, qui sont des virus satellites des adénovirus, le virus de la vaccine ou d'autres virus de la même famille et un type d'herpès. Les autres vecteurs viraux sont pour l'instant utilisés de façon très anecdotique, mais ça fait déjà un arsenal thérapeutique assez large[32] et plein de promesses !

Les thérapies géniques sont encore en train de faire leurs premiers pas et il y a des chances pour que, nourries par les avancées de la virologie fondamentale et de l'édition des génomes, elles progressent rapidement dans les années qui viennent. Un certain nombre d'entre elles ont même déjà passé le stade des essais cliniques et sont aujourd'hui accessibles aux patients.

On en entend rarement parler parce que la plupart de ces thérapies validées permettent de traiter des maladies génétiques rares. Elles sont des prouesses médicales mais concernent finalement très peu de patients. Par ailleurs, elles sont souvent très chères, ce qui limite leur accessibilité. Ainsi Glybera, première thérapie génique autorisée en Europe en 2012, permet de traiter une maladie du pancréas qui touche moins de 200 personnes sur ce continent. Et elle n'a été utilisée pour guérir qu'une seule patiente. Il faut dire que le traitement coûte plus d'un million d'euros, ce qui est particulièrement dissuasif...

Pour finir, si on associe souvent les thérapies géniques aux maladies génétiques, ce n'est en fait qu'une des applications envisagées. Les deux tiers des essais cliniques de thérapies géniques réalisés avant 2020 portent sur des cancers, qui sont également dus à des dysfonctionnements génétiques. Le premier vecteur viral ayant été approuvé pour une utilisation en thérapie génique était d'ailleurs un adénovirus utilisé pour traiter les cancers de la tête et du cou, la Gendicine[33]. Si des solutions au coût raisonnable sont développées, la fréquence élevée de ce type de maladies pourrait conduire, dans un futur pas si lointain, à rendre les thérapies géniques beaucoup moins anecdotiques.

Les virus provoquent des maladies. C'est un fait. Mais il serait dommage de les résumer à cette caractéristique. Ils ont aussi un potentiel thérapeutique, envisagé par Félix d'Hérelle il y a plus d'un siècle et que les outils et connaissances modernes rendent désormais accessible. En plus d'utiliser les virus dans les laboratoires de recherche fondamentale, nous commençons aujourd'hui à les croiser dans les hôpitaux et les pharmacies, pour lutter contre des maux aussi variés que les infections, les maladies génétiques et les cancers.

Les applications déjà envisagées sont nombreuses, pourtant elles ne reposent que sur la minuscule fraction de la virosphère dont nous avons connaissance. La matière noire de la virologie qu'il nous reste à découvrir est sans doute elle aussi riche d'outils potentiels. Parmi les nombreux virus qui rôdent dans nos océans se cachent peut-être des alliés qui nous aideront à préserver des écosystèmes marins. Ou à favoriser la croissance d'organismes capables de piéger le gaz carbonique qui réchauffe notre atmosphère. L'avenir nous le dira.

Les virus sont à la fois source de menaces et de promesses. Mais quand j'ai choisi de me spécialiser en virologie au cours de mes études, ce n'était pas à ça que je pensais. J'étais surtout fascinée par les surprises permanentes que provoque leur étude et la façon dont ils contredisent les dogmes de la biologie. S'intéresser aux virus, c'est forcément faire preuve de modestie. Face à ces entités minuscules qui ont façonné l'évolution des organismes jusqu'à nos propres placentas, qui chamboulent des concepts aussi fondamentaux que la notion de vivant et qui continuent à échapper aux boîtes dans lesquelles on essaie de les ranger, on se rappelle que nous ne sommes nous-mêmes pas grand-chose et que notre compréhension du monde est encore très imparfaite. Tant mieux : ce serait triste de n'avoir plus rien à découvrir !

Postface d'Étienne Klein

« Ne sous-estimez pas les petits adversaires : un lion se voit, pas un virus. »

AUTEUR ANONYME

La physique des particules est une discipline qui peut sembler rébarbative, complexe, ésotérique, notamment parce que les concepts mathématiques sur lesquels s'appuient ses formalismes sont abstraits, difficiles d'accès. Pourtant, tous les objets qu'elle étudie – c'est-à-dire les particules, aussi bien élémentaires que composites – peuvent être rangés en un petit nombre de catégories aux caractéristiques fort bien définies et d'une grande stabilité historique : leptons, hadrons, fermions, bosons…

Il en va autrement avec la biologie. D'une part, parce que les mathématiques que cette science utilise sont certainement plus abordables, car moins sophistiquées, que celles des physiciens. D'autre part, parce que la biologie met en place, pour les entités qui appartiennent à son champ, des classifications moins nettes, plus ambigües et de surcroît évolutives : les anciennes catégories doivent être régulièrement remaniées ou complétées pour tenir compte des nouvelles connaissances.

Prenons l'exemple des virus, connus depuis la fin du XIXe siècle. Comme Tania Louis le montre si bien dans ce livre, malgré d'intenses travaux de recherche menés continûment sous toutes les latitudes, il n'est pas si aisé de les définir, de sorte qu'ils demeurent difficiles à « caser ». On ne peut même pas certifier qu'ils sont inertes plutôt que vivants. En effet, si l'on retient la définition classique du vivant, censé être constitué d'entités matérielles réalisant les fonctions de relation, de nutrition et de reproduction, alors les virus, incapables de se multiplier seuls, doivent être considérés comme des entités inertes. Mais si on élargit un tant soit peu cette définition qui ne fait pas consensus chez les biologistes, alors les virus pourraient être envisagés comme des êtres authentiquement vivants. Troublante ambivalence, qui sera peut-être résolue un jour. En attendant, les biologistes sont condamnés à regarder les virus avec une perplexité analogue à celle des physiciens s'interrogeant sur le degré de vivacité du chat de Schrödinger. Ces petits êtres gorgés de contradictions, en apparence à part, farouchement rebelles à la mise en boîte, occuperaient-ils dans la taxinomie du monde biologique un lieu bien à eux, irréductible aux catégorisations ordinaires, intermédiaire entre la matière inerte et les cellules vivantes ?

Pareille interrogation rappelle celle qui s'imposa aux taxinomistes confrontés au premier spécimen d'ornithorynque empaillé qui arriva au British Museum en 1798. Ils crurent d'abord à une supercherie : quelque génie de l'embaumement s'était sans doute amusé à agrafer un bec de canard au bout de la tête d'un quadrupède. Mais bien vite, ils durent se rendre à l'évidence : il n'y avait point eu de trucage. Cet être d'allure inclassable existait donc bel et bien. Mais comme il est difficile d'admettre que l'inconnu puisse être radicalement nouveau, ils cherchèrent d'abord à ranger l'ornithorynque dans une catégorie déjà existante. Certains, voulant faire de lui un mammifère (comme les vaches), rechignèrent à admettre qu'il pût pondre des œufs ; d'autres, préférant faire de lui un ovipare (comme les reptiles), nièrent l'existence des mamelles (que les femelles ont très discrètes) et du lait (qu'elles répandent dans l'eau pour nourrir leurs petits). Au terme de quatre-vingts longues années de débats, l'existence des mamelles et des œufs put être rigoureusement démontrée. En conséquence, il fallut admettre que l'ornithorynque est à la fois un mammifère et un ovipare – ou ni l'un ni l'autre –, donc inventer pour lui une nouvelle sorte d'êtres vivants : celle, fascinante, des monotrèmes. En définitive, l'ornithorynque n'était paradoxal qu'au regard des anciennes catégories abusivement considérées comme étanches. En ira-t-il de même pour les virus ? Pourraient-ils être, en définitive, des sortes de monotrèmes d'un nouveau genre, superposant les caractéristiques des êtres vivants à celles des êtres inertes ?

Mais lorsqu'on lit Tania Louis, on découvre surtout à quel point les recherches menées sur les virus sont passionnantes, complexes, parfois tortueuses. Au fil des pages, la virologie nous apparaît pour ce qu'elle est : une discipline d'ultra-haut-vol, inachevée, en révolution permanente, qui vient ridiculiser les idées simples et contredire les discours à l'emporte-pièce. En découvrir les arcanes, c'est, en marge du plaisir intellectuel que cela procure, s'armer pour lutter efficacement contre l'ultracrépidarianisme ambiant.

NOTES

Chapitre 1. Mettre le monde en boîtes

1. Les antennes de certains arthropodes (insectes, crustacés et mille-pattes) détectent des signaux chimiques et sont parfois impliquées dans le sens du toucher. Les pétales des fleurs peuvent être des organes sensoriels : une étude publiée en juillet 2019 a montré que celles de la plante *Oenothera drummondii* détectent les vibrations produites par certains insectes dans l'air. Les statolithes sont des structures impliquées dans la perception de la gravité, permettant notamment aux racines de pousser vers le bas. Les ampoules de Lorenzini des poissons cartilagineux, dont les requins et les raies, sont sensibles aux champs électromagnétiques et aux variations de température. Cela leur permet de repérer des proies dissimulées dans le sable ou l'obscurité et de s'orienter.

Certains serpents perçoivent le rayonnement infrarouge émis par leurs proies grâce à leurs fossettes sensorielles. Les corpuscules de Pacini sont des terminaisons nerveuses qu'on trouve notamment dans la peau humaine.

Ils détectent les vibrations et la pression et jouent un rôle clé dans notre sens du toucher. Le terme « nocicepteur » désigne tous les récepteurs de la douleur. Les soies des insectes sont des poils présents à la surface de leurs corps, impliqués dans la perception de signaux mécaniques et parfois chimiques. Les ocelles sont des yeux simples retrouvés chez de nombreux animaux et qui détectent généralement les variations de l'intensité lumineuse. Les ommatidies sont les récepteurs à la lumière qui composent les yeux à facettes de certains insectes et crustacés. La ligne latérale est un organe des poissons et de certains amphibiens qui perçoit les mouvements de l'eau. Les flagelles des bactéries sont des sortes de filaments leur permettant de se déplacer et peuvent également agir comme des capteurs sensoriels détectant les surfaces colonisables.

2. Je ne pourrais moi-même pas citer toutes les personnes impliquées dans la construction de chacune des connaissances évoquées dans ce livre. Je m'en excuse d'avance ; gardez cette remarque en tête pendant votre lecture.

3. D'où le 2 dans la formule H_2O.

4. Aujourd'hui dans une même colonne, mais le tableau a connu des basculements.

5. 2 colonnes pour la première ligne, 8 colonnes pour les lignes 2 et 3, 18 colonnes pour les lignes 4 et 5 et 32 colonnes pour les lignes 6 et 7.

6. C'est-à-dire croyant que les êtres vivants sont le fruit d'une création divine.

7. Buffon supposait que lors de sa création, la Terre était une sphère très chaude. En mesurant le temps de refroidissement de boulets de canon de tailles différentes, il obtenait un lien mathématique entre le diamètre d'une sphère et le temps nécessaire pour qu'elle redevienne froide. En appliquant ce

résultat au diamètre de la Terre, il pensait estimer son âge… Le raisonnement était astucieux mais plusieurs approximations faussaient les calculs de Buffon et ses résultats, bien qu'allant dans le bon sens, étaient largement faux, notre planète ayant un peu plus de 4,5 milliards d'années !

8. Dans le cadre d'un projet plus large, étalé sur treize ans, avec un budget total de 3 milliards d'euros.

9. Ce qui est un argument supplémentaire pour penser que tous les êtres vivants de notre planète ont une origine unique.

10. Nom suggéré par plusieurs personnes dont Linda Magrum, technicienne dans l'équipe de Carl Woese.

Chapitre 2. Lever le voile sur les virus

1. C'est tellement petit qu'il devient difficile d'imaginer ce que cela représente. On pourrait faire rentrer plus de 3 300 VMT sur un seul millimètre de largeur en les plaçant horizontalement, et plus de 55 550 en les plaçant verticalement.

2. Avec un certain sens de l'humour, comme dans le reste de son texte où il décrit notamment la mosaïque du tabac comme « nuisible à l'arôme, si tant est que le tabac européen en ait ».

3. Au moment où il invalidait définitivement la théorie de la génération spontanée.

4. Cette liste comprenait quelques erreurs, des agents infectieux considérés comme des virus alors qu'ils n'en sont pas. Mais certains virus présentés avaient déjà été identifiés comme étant transmis par des insectes !

5. Littéralement « dans le verre », par opposition à *in vivo*, « dans le vivant » : désigne des conditions expérimentales

de laboratoire ne cherchant pas à reproduire fidèlement des situations naturelles.

6. Les premières expériences sur un virus humain, celui responsable de la fièvre jaune, ont été menées par l'armée américaine. Lancées en 1900, elles ont été stoppées dès 1901, notamment suite au décès de l'infirmière Clara Maass. Les expériences avaient provoqué quelques autres cas mortels avant le sien, mais ils n'avaient pas eu autant d'impact sur l'opinion publique… et le rôle des moustiques dans la transmission de la maladie avait été démontré entretemps.

7. Pour ne récupérer que les entités capables de traverser des filtres très fins, comme dans les expériences d'Ivanowski et Beijerinck au tout début de l'étude de la mosaïque du tabac.

8. Le rapport entre la durée du jour et celle de la nuit.

9. Notamment les moustiques pour le parasite à l'origine du paludisme, le virus de la fièvre jaune ou celui de la myxomatose.

10. À l'exception… de certains virus.

11. Spécialiste des maladies des végétaux.

12. Si on creuse un peu, on se rend compte que tous ces travaux sont loin d'être indépendants les uns des autres. Holmes travaillait à l'époque dans l'équipe d'un chercheur appelé Louis Kunkel, qui a quitté l'institut Boyce-Thompson en 1932 pour rejoindre l'institut Rockefeller. Accompagné par Holmes. C'est dans cette nouvelle équipe dirigée par Kunkel et dont on aura l'occasion de reparler… que travaillait James Jensen.

13. Le terme de mutation était déjà utilisé à l'époque, dans un sens plus général que celui qu'on lui donne aujourd'hui et sur lequel on aura l'occasion de revenir.

14. Responsable de l'équipe dans laquelle travaillaient James Jensen et Francis Holmes.

15. Alors qu'il travaillait à l'institut Boyce-Thompson, déjà sous la direction de Louis Kunkel. Les noms paraissent nombreux mais beaucoup des recherches mentionnées ici émanent en fait de la même équipe.

16. Qui ne s'est pas arrêté à son identification. Par des croisements successifs, il a réussi à faire passer cette protection d'une espèce de tabac à une autre dès 1938, produisant ainsi les premières plantes volontairement rendues résistantes à un virus !

17. Preuve supplémentaire que les mécanismes mis en jeu chez les végétaux et les vertébrés n'ont rien à voir : notre mémoire immunitaire à nous dépend directement de notre réponse immunitaire adaptative.

18. Encore lui.

19. Beale fait remarquer que dans ce cas, les anticorps qu'elle a produits à partir de sève de tabac contaminée sont vraisemblablement sensibles aux constituants du tabac, pas aux virus eux-mêmes.

20. Frederick Bawden, Norman Pirie, John Bernal et Isidor Fankuchen. On reparlera de certains d'entre eux.

21. Ou, pour être plus précise, des ribonucléoprotéines car l'acide nucléique impliqué est de l'ARN (acide ribonucléique).

22. Étudié par les physiciens William et Lawrence Bragg, respectivement père et fils.

23. British Coal Utilisation Research Association, en anglais.

24. Et de leur expliquer pourquoi elle était, évidemment, fausse.

25. Contenant tous deux des données expérimentales.

26. Pour « leurs découvertes concernant la structure moléculaire des acides nucléiques et leur importance pour le transfert d'informations dans des entités vivantes ». Un travail qui englobe la compréhension de la structure de l'ADN mais aussi un certain nombre d'autres résultats obtenus par Watson, Crick et Wilkins.

27. Qui, vingt ans plus tard, compliquerait le travail de Rosalind Franklin sur le VMT.

28. Qui, vingt ans plus tard, recruterait Rosalind Franklin pour qu'elle étudie à son tour le VMT.

29. Ou millionièmes de millimètre.

30. Cette technique repose sur la nature ondulatoire des électrons, qu'on a évoquée au chapitre 1… et dont l'existence n'a été démontrée qu'en 1927. L'application a été rapide !

31. Qui, lui, la mentionnera à plusieurs reprises lors du discours qu'il prononcera en 1982 à l'occasion de la réception de son prix Nobel de chimie « pour son développement de la microscopie électronique cristallographique et ses découvertes sur la structure des complexes protéines-acides nucléiques biologiquement importants ».

32. Celui des cristaux de VMT.

33. Leur nom actuel est *Enterobacter aerogenes.*

34. Littéralement « mangeur de bactéries ».

35. La fixation à la surface de ces bactéries est une impasse pour les virus, elles ne peuvent pas être infectées efficacement si elles ne sont plus vivantes.

36. Qu'on qualifie d'icosaédrique, du grec *eikosi* signifiant « vingt ».

37. Décédé en 1949.

38. On doit cette découverte à Alfred Hershey et Martha Chase dont les expériences, publiées en 1952, n'ont pas révolutionné que la virologie. En montrant que l'ADN des

bactériophages est suffisant pour infecter des bactéries, ils ont achevé de convaincre la communauté scientifique que cette molécule est le support de l'information génétique… à peine un an avant que sa structure ne soit élucidée.

Chapitre 3. Des virus et des hommes

1. Je fais moi-même quelques approximations de ce type dans cet ouvrage, pour qu'il reste agréable à lire. N'hésitez pas à les corriger mentalement au fil de votre lecture !

2. Le SARS-CoV-1 a provoqué une épidémie en 2002-2003.

3. Maladie à coronavirus apparue en 2019 (en anglais : *Coronavirus Disease 2019*).

4. Syndrome respiratoire du Moyen-Orient (en anglais : *Middle East Respiratory Syndrome*). Détecté en Arabie Saoudite en 2012, ce virus réapparaît régulièrement dans la région mais se propage peu.

5. Le reste étant dû à des bactéries, des champignons, des prions ou d'autres petits parasites uni- ou pluricellulaires.

6. Grippes, coronavirus, VIH, filovirus (Ebola, Marburg), virus du Nil occidental, chikungunya, fièvre hémorragique de Crimée-Congo, henipavirus (Nipah et Hendra)…

7. Les coronavirus sont une exception. Leur génome est environ trois fois plus long que celui des autres virus à ARN, mais leurs outils de copie de génome sont plus fiables car ils ont la capacité de corriger une partie de leurs erreurs.

8. Pour être exacte, c'est dû à la combinaison de deux propriétés du VIH. Sa diversité génétique et le fait qu'il est capable de rester caché dans des cellules infectées, qu'on ne sait pas détruire à l'heure actuelle et qu'on a même du

mal à identifier (on parle de cellules réservoirs). Quand les patients arrêtent leur traitement, le VIH des cellules réservoirs recommence à se multiplier et sa grande variabilité génétique fait que des versions résistantes au traitement apparaissent : quand celui-ci est repris, ce sont les seules à persister et le traitement devient inefficace.

9. Et cette épidémie a donné lieu à une pandémie, toujours en cours, qui a fait plus de 30 millions de morts et continue à causer environ un million de décès chaque année.

10. Les maladies cardiovasculaires et les cancers étaient de leur côté responsables d'environ 3 décès sur 5 en 1990.

11. Contrairement à la Covid-19, le SRAS ne devenait transmissible qu'après l'apparition des symptômes et les patients pouvaient donc efficacement être mis en quarantaine au cas par cas.

12. Nipah, Hendra, Ebola, Marburg, virus du Nil occidental, coronavirus, chikungunya, fièvre hémorragique de Crimée-Congo.

13. Et inversement, des virus humains contaminent des animaux.

14. La couche supérieure, qu'on appelle le mollisol et qui dégèle chaque été, ne renferme quant à elle vraisemblablement plus de virus infectieux. Ceux-ci sont justement abîmés par cette décongélation-recongélation régulière.

15. Littéralement « créateur de maladie ».

16. Se faire une place dans la recherche américaine en tant que femme était encore un combat perdu d'avance à l'époque. Joshua a reçu plusieurs prix pour le travail mené avec Esther, dont un Nobel, sans que celle-ci soit récompensée à ses côtés. Alors que lui était nommé à des postes prestigieux, elle devait négocier pour être recrutée sur des contrats non pérennes. Le fait d'avoir partagé le même nom

et les mêmes thématiques de recherche que son mari n'a vraisemblablement pas favorisé sa visibilité.

17. Toutes les estimations du nombre de grains de sable sur Terre et du nombre d'étoiles dans notre Univers observable ne donnent pas des résultats identiques. Je me base ici sur les calculs de David Louapre qui, sur son blog Science étonnante, estime ces deux grandeurs à 10^{23}. Un 1 suivi de 23 zéros.

18. Les plus anciennes versions de VIH connues remontent ainsi aux années 1960 et 1970. Elles ont été retrouvées *a posteriori* dans des prélèvements faits chez des patients congolais.

19. Dans le cas des organismes qui prolifèrent en se clonant, comme les bactéries ou certaines plantes, la transmission est encore plus simple.

20. Les techniques employées n'ont rien à voir mais on peut dater un fossile de virus, comme on peut dater un fossile physique.

21. Ces mutations ont des conséquences négatives pour le virus mais sont neutres pour l'organisme, donc susceptibles d'être conservées de façon aléatoire.

22. Les plumes sont un cas d'exaptation. D'abord sélectionnées pour la régulation thermique, elles sont devenues essentielles à une tout autre fonction : le vol.

23. Le nombre varie d'une dizaine à une petite centaine selon les méthodes d'analyse utilisées pour les repérer.

24. L'apparition du moins ancien est datée à il y a environ 150 000 ans.

25. Pour l'anecdote, le cycle de réplication des rétrovirus comprend une étape particulière : l'ARN viral doit être recopié en ADN viral avant d'être inséré dans le génome cellulaire, lui-même composé d'ADN. Ce processus, baptisé

transcription inverse, ou rétrotranscription, est effectué par une protéine virale spécifique car aucune de celles présentes dans les cellules des organismes infectés n'est capable de produire de l'ADN à partir d'ARN (alors que l'inverse est tout à fait habituel). C'est à cette étape de rétrotranscription que les rétrovirus doivent leur nom !

26. J'emploie ici le terme « caractères » en référence aux lettres A, C, G et T (pour l'ADN) ou U (pour l'ARN), qui désignent des parties de molécules et sont utilisées pour représenter les séquences d'information génétique.

27. Le terme syncytium désigne les cellules issues de la fusion de plusieurs cellules, ainsi que les tissus qu'elles forment. Le syncytiotrophoblaste en est un exemple mais il y en a d'autres, dont on aura l'occasion de parler dans quelques pages.

28. Famille dont font partie les lapins.

29. Famille de petits animaux vivant uniquement à Madagascar.

30. Par opposition à l'oviparité, la ponte d'œufs.

31. Remarque importante : on ne pourra jamais être sûr que les scénarios d'évolution qu'on propose correspondent à ce qui s'est effectivement passé. On ne peut pas remonter le temps pour vérifier. La crédibilité d'un scénario est généralement évaluée sur deux aspects : il faut qu'il permette d'expliquer ce qu'on observe et qu'il soit le moins alambiqué possible. Si une histoire simple suffit à justifier l'existence de toutes les données connues, elle sera préférée à une histoire plus compliquée qui ne ferait pas mieux en matière d'explications de ce qu'on constate.

32. Si vous commencez à vous intéresser aux ornithorynques, vous verrez que pondre n'est pas leur seule particularité. Ils ont aussi des crochets venimeux, des

électrorécepteurs qui facilitent le repérage des proies sous l'eau, dix chromosomes sexuels au lieu de deux pour les autres mammifères… mais pas de mamelles (les femelles allaitent en faisant suinter du lait par les pores de leur peau).

33. Mais aussi, contrairement à ses équivalents chez les mammifères, dans d'autres organes.

34. Ceux-ci se reproduisent moins bien que les animaux « normaux », mais ils se reproduisent. Contrairement aux animaux n'exprimant plus le gène de la syncytine A, dont la gestation est trop perturbée pour aller à son terme.

35. On peut compter le nombre de cellules fusionnées dans chaque fibre car leurs noyaux restent séparés après fusion. Il y a donc autant de noyaux dans la fibre finale qu'il y avait de myoblastes au départ.

36. Syncytia, pour les puristes.

37. L'embranchement des arthropodes regroupe les insectes et d'autres animaux comme les araignées, les crustacés ou les mille-pattes.

Chapitre 4. Demain, les virus

1. Pour que deux plantes puissent se croiser, il faut au minimum que leurs génomes se ressemblent, qu'elles ne soient pas trop éloignées physiquement et que leurs phases de reproduction tombent à la même période.

2. Environ 5 500 pour les mammifères et 5 800 pour les odonates, c'est-à-dire l'ordre auquel appartiennent les libellules.

3. Virus, bactéries, archées, eucaryotes… L'identification des catégories repose à la fois sur les caractéristiques des séquences et sur les techniques expérimentales de préparation des échantillons, qui permettent de ne récupérer dès le départ que certains types de génomes.

4. *Cross-assembly*, en anglais.

5. Cela s'éloigne de la thématique de ce livre, mais renseignez-vous sur le microbiote, c'est fascinant.

6. Chaque brin représente un montant vertical de la fameuse structure en double hélice.

7. Les variantes sont nombreuses, allant de simples brins partiellement repliés sur eux-mêmes à plusieurs brins partiellement complémentaires…

8. Les chromosomes sont définis comme des structures composées d'ADN et de protéines, l'ensemble étant agencé d'une certaine façon, on emploie donc un autre terme dans le cas des virus.

9. Cette étape est court-circuitée pour certains virus dont le génome est lui-même composé d'ARN.

10. Le ribosome, qu'on évoquait au premier chapitre et grâce auquel Carl Woese a découvert les archées.

11. L'ordre et le type des « perles » sont déterminés par les indications portées par les ARN messagers.

12. Notamment de recopier l'ARN porteur d'information.

13. Puis dirigé uniquement par Abergel après le départ à la retraite de Claverie.

14. *Virocell*, en anglais.

15. Et pas de nouveaux « virus ».

16. Qui a participé à la démonstration que le virus de la mosaïque du tabac (VMT) contient de l'acide nucléique, quelques décennies avant de mettre des bâtons dans les roues de Rosalind Franklin qui essayait de déterminer sa structure exacte.

17. Ils avaient déjà travaillé ensemble sur le VMT.

18. *Helper*, en anglais.

19. Avant ça, d'autres virus comme la variole ou la vaccine avaient été utilisés de façon préventive dans les

premières approches de vaccination et Pasteur, qui travaillait sur la réduction de la dangerosité de souches de rage pour faire des vaccins, avait eu recours à des virus atténués pour guérir des patients récemment infectés.

20. Vraiment, si vous avez l'occasion de lire une biographie de Félix d'Hérelle, ça vaut le détour.

21. Il existe même un compte Twitter, *Contamination Club*, qui recense et partage des photos de contaminations de cultures de laboratoire.

22. Les antibiotiques, c'est pas… ?

23. Cette coévolution naturelle et continue rassure d'ailleurs les spécialistes quant au fait que les bactéries pourraient devenir résistantes aux bactériophages, comme elles deviennent résistantes aux antibiotiques. Ces virus s'adaptent à leurs hôtes depuis des milliards d'années, et si les bactéries changent, ils le feront aussi.

24. Les bactériophages sont généralement récupérés dans des endroits où on trouve beaucoup de bactéries. Ce qui donne une belle liste de localisations improbables, allant de la mare du coin à des plantes moisies.

25. Collaborateur de Joshua Lederberg et codécouvreur de la conjugaison bactérienne, il est surtout connu pour avoir contribué à clarifier le lien entre gènes et protéines.

26. Exactement comme les virus domestiqués par les guêpes parasitoïdes, qui peuvent proliférer dans les organes reproducteurs des guêpes, mais pas dans les arthropodes auxquels ils sont injectés.

27. Et heureusement, puisque la première étape de la production des vecteurs viraux nécessite elle-même d'insérer de l'ADN dans des cellules !

28. Ce sont les fameux adjuvants.

29. En médecine humaine, car ils sont beaucoup plus nombreux en santé animale.

30. À peu près. Il y a des zones d'insertion plus ou moins probables, mais on ne contrôle pas la localisation précise.

31. Comme celle ayant conduit au décès de Jesse Gelsinger.

32. Dans le cas de la vaccination, une vingtaine de types de virus sont utilisés pour concevoir des vecteurs. Mais les contraintes sont moins lourdes que pour la thérapie génique.

33. Il a été approuvé par les autorités sanitaires chinoises en 2003 et mis en vente dans ce pays en 2004.

BIBLIOGRAPHIE

Certaines des sources indiquées ci-après sont elles-mêmes vulgarisées et accessibles à un public non spécialiste. Elles sont indiquées par une puce blanche.

Chapitre 1

Hug I., Jenal U., *et al.*, « *Second messenger–mediated tactile response by a bacterial rotary motor* », *Science*, vol. 358, octobre 2017, p. 531-534.

Musilova Z., Salzburger W., *et al.*, « *Vision using multiple distinct rod opsins in deep-sea fishes* », *Science*, vol. 364, mai 2019, p. 588-592.

Veits M., Yovel Y., *et al.*, « *Flowers respond to pollinator sound within minutes by increasing nectar sugar concentration* », *Ecology Letters*, vol. 22, juillet 2019.

- Article sur les ampoules de Lorenzini : Chenet M., et Mandonnet G., « Quand le courant passe ! », Blog *Bio Num*, 10 avril 2017.
- Généralités sur le tableau périodique des éléments : Infographie CNRS : « Le tableau de Mendeleïev : 150 ans

d'histoire », *CNRS Le journal*, 28 janvier 2019 ; Péan C., Molina E., et Barbaud F., « La classification périodique de Lavoisier à Mendeleïev », site Internet Culture Sciences-Chimie, 25 janvier 2011 ; « [Comment ça marche] Le tableau de Mendeleïev », chaîne YouTube *CEA Recherche*, 5 février 2019 ; et « [Histoire des sciences] Les recherches sur la matière », chaîne YouTube *CEA Recherche*, 18 octobre 2017.

Scerri E. R., « *The Past and Future of the Periodic Table : This stalwart symbol of the field of chemistry always faces scrutiny and debate* », *American Scientist*, vol. 96, janvier-février 2008, p. 52-58.

Scerri E. R., « *The Evolution of the Periodic System* », *Scientific American*, septembre 1998.

« *Bicentenary of atomic weights* », *Nature*, 21 octobre 2003.

○ « La gravité quantique à boucles — Science étonnante #33 », chaîne YouTube *ScienceEtonnante*, 2 septembre 2016.

○ « La Théorie des Cordes — Science étonnante #5 », chaîne YouTube *ScienceEtonnante*, 6 mars 2015.

○ Fentes de Young : « La Plus Belle Expérience de la Physique — Science étonnante #53 », chaîne YouTube *ScienceEtonnante*, 13 avril 2018

Léonhardt J.-L., « Comment en est-on arrivé à admettre la dualité onde-particule ? », *Le philosophoire*, vol. 35, janvier 2011, p. 115-128.

○ L'œuvre d'Einstein : Huet S., « Einstein, le révolutionnaire de la lumière », *Libération*, 12 février 2005.

Ridgen J. S., « *Einstein's revolutionary paper* », *PhysicsWorld*, 1 avril 2005.

Jech B., « Les lumières d'Einstein sur la lumière », site Internet Culture Sciences-Physique, captation d'une conférence donnée en octobre 2015.

de Broglie L., « *The wave nature of the electron* », discours de réception de prix Nobel, 12 décembre 1929

de Broglie L., « Recherches sur la théorie des Quanta », manuscrit de thèse, 1924.

Davisson C., et Germer L. H., « *Diffraction of Electrons by a Crystal of Nickel* », *Physical review journals archive*, vol. 30, décembre 1927.

Arndt M., Zeilinger A., *et al.*, « *Wave – particle duality of C_{60} molecules* », *Nature*, vol. 401, octobre 1999, p. 680-682.

Juffmann T., Arndt M., *et al.*, « *Real-time single-molecule imaging of quantum interference* », *Nature*, vol. 7, mars 2012, p. 297-300.

o Bergia S., « Des quanta aux photons », *Pour la science — Les génies de la science*, vol. 11, mai 2002.

Bach R., Batelaan H., *et al.*, « *Controlled double-slit electron diffraction* », *New Journal of Physics*, vol. 15, mars 2013.

Interview de De Broglie sur ses travaux : « Monsieur De Broglie », archive de l'Ina, janvier 1967.

o Source de citations (Pauli et Feynman) : « La révolution sans le faire exprès », blog de vulgarisation *La forêt des sciences*, 11 février 2016.

Contenu des œuvres d'Aristote : http://remacle.org/bloodwolf/philosophes/Aristote/table.htm

Reportage de la BBC sur Aristote et son travail de biologie : « *Aristotle's lagoon - Lesvos island - Greece* », chaîne YouTube *KalloniNews.gr*, 6 mai 2016.

Ben Saad M., et Katouzian-Safadi M., « Quelques interprétations de la diversité du monde vivant chez le savant arabe al-Djâhiẓ (776-868) », Bibnum [en ligne], « Sciences de la vie », 01 mars 2012.

○ Ben Saad M., et Katouzian-Safadi M., « Le monde vivant selon al-Djâhiz », *Pour la science*, 25 avril 2010.

Buffon, *Histoire naturelle, générale et particulière, avec la description du Cabinet du Roy*, accessible sur le site de la BNF (https://gallica.bnf.fr/).

○ David J. R., et Carton Y., « Georges-Louis Leclerc, comte de Buffon (1707-1788) », *Médecine/sciences*, vol. 23, novembre 2007, p. 1057-1062.

○ Théry F., « Histoire des classifications du vivant », Muséum national d'histoire naturelle : http://edu.mnhn.fr/mod/page/view.php?id=383

○ Lecointre G., Camus G., « La classification du vivant, mode d'emploi », site Internet Planet-Vie, 18 juin 2007.

○ « Le séquençage du génome », chaîne YouTube *Inserm*, 12 avril 2018.

Brown T. A., *Genomes*, seconde édition, chap. 6 et 14 notamment, Wiley-Liss, 2002.

Giani A. M., Formenti G., *et al.*, « *Long walk to genomics : History and current approaches to genome sequencing and assembly* », *Computational and Structural Biotechnology Journal*, vol. 18, novembre 2019, p. 9-19.

« *The Cost of Sequencing a Human Genome* », article du National Human Genome Research Institute : https://www.genome.gov/about-genomics/fact-sheets/Sequencing-Human-Genome-cost

○ Combemorel P., « Combien de cellules composent un être humain ? », site Internet Planet-Vie, 8 septembre 2016.

Sapp J., « *The prokaryote-eukaryote dichotomy : meanings and mythology* », *Microbiology and Molecular Biology Reviews*, vol. 69, juin 2005, p. 292-305.

SCHWANN T., et SCHLEYDEN M. J., *Microscopical researches into the accordance in the structure and growth of animals and plants*, Londres, Sydenham Society, 1847.

SAPP J., et FOX G. E., « *The singular quest for a universal tree of life* », *Microbiology and Molecular Biology Reviews*, vol. 77, décembre 2013, p. 541-550.

WOESE C. R., et FOX G. E., « *Phylogenetic structure of the prokaryotic domain : the primary kingdoms* », *Proceedings of the National Academy of Sciences*, vol. 74, novembre 1977, p. 5088-5090.

FOX G. E., WOESE C. R., *et al.*, « *The phylogeny of prokaryotes* », *Science*, vol. 209, juillet 1980, p. 457-463.

WOESE C. R., KANDLER O., et WHEELIS M. L., « *Towards a natural system of organisms: proposal for the domains Archaea, Bacteria, and Eucarya* », *Proceedings of the National Academy of Sciences*, vol. 87, juin 1990, p. 4576-4579.

FORTERRE P., « *The universal tree of life : an update* », *Frontiers in Microbiology*, vol. 6, juillet 2015.

○ Site permettant de parcourir une version récente de l'arbre du vivant : http://lifemap.univ-lyon1.fr/

CHAPITRE 2

SCHOLTHOF K.-B. G., « *Tobacco mosaic virus : the beginning of plant virology* », article sur le site de la Société américaine de phytopathologie (APS), 2008.

MAYER A., « *Ueber die Mosaikkrankheit des Tabaks* », vol. 32,1886, p. 451-467.

IVANOVSKY D., « *Ueber die Mosaikkrankheit der Tabaksp£anze* », *St Petersb. Acad. Imp. Sci. Bull.*, vol. 35, 1892, p. 67-70.

BEIJERINCK M. W., « *Ueber ein contagium vivum £uidum als Ursache der Fleckenkrankheit der TabaksblÌtter* », *Verh. Kon. Akad.Wetensch.*, vol. 5, 1898, p. 3-21.

HAMEAU J., *Étude sur les virus*, Paris, G. Masson éditeur, 1895.

RIVERS T. M., « *Filterable viruses, a critical review* », *Journal of Bacteriology*, vol. 14, octobre 1927, p. 217-258.

LECOQ H., « Découverte du premier virus, le virus de la mosaïque du tabac : 1892 ou 1898 ? », Comptes rendus de l'Académie des sciences - Series III, vol. 324, octobre 2001, p. 929-933.

METTENLEITER T. C., « *Chapter one - The first "virus hunters"* », *Advances in Virus Research*, vol. 99, 2017, p. 1-16.

STEINHARDT E., ISREALI C., et LAMBERT R. A., « *Studies on the cultivation of the virus of vaccinia* », *The Journal of infectious diseases*, vol. 13, septembre 2013, p. 294-300.

ALLARD H. A., « *The mosaic disease of tobacco* », *USDA Bull.*, vol. 40, 1914.

ALLARD H. A., « *Effect of dilution upon the infectivity of the virus of the mosaic disease of tobacco* », *Journal of agricultural research*, vol. 3, 1915, p. 295-299.

MCKINNEY H. H., « *Virus mixtures that may not be detected in young tobacco plants* », *Phytopathology*, vol. 16, 1926, p. 893.

MCKINNEY H. H., « *Mosaic diseases in the Canary Islands, West Africa and Gibraltar* », *Journal of agricultural research*, vol. 39, 1929, p. 557-578.

JENSEN J. H., « *Isolation of yellow-mosaic viruses from plants infected with tobacco mosaic* », *Phytopathology*, vol. 23, 1933, p. 964.

HOLMES F. O., « *Local lesions in tobacco mosaic* », *Botanical Gazette*, vol. 87, février 1929, p. 39-55.

McKinney H. H., « *Evidence of virus mutation in the common mosaic of tobacco* », *Journal of agricultural research*, vol. 51, 1935, p. 951.

Jensen J. H., « *Studies on the origin of yellow-mosaic viruses* », *Phytopathology*, vol. 26, 1936, p. 266-277.

Ziebell H., et Carr J. P., « *Cross-protection : A century of mystery* », *Advances in Virus Research*, vol. 76, 2010, p. 211-264.

Kunkel L. O., « *Studies on acquired immunity with tobacco and Aucuba mosaics* », *Phytopathology*, vol. 24, 1934, p. 437-466.

Price W. C., « *Acquired immunity from cucumber mosaic in zinnia* », *Phytopathology*, vol. 25, 1935, p. 776-789.

Price W. C., « *Acquired immunity to ring spot in Nicotiana* », *Contributions Boyce Thompson Institute*, vol. 4, 1932, p. 359-403.

Holmes F. O., « *Inheritance of resistance to tobacco-mosaic disease in tobacco* », *Phytopathology*, vol. 28, 1938, p. 553-561.

S. H., et Dong X., « *How do plants achieve immunity ? Defence without specialized immune cells* », *Nature*, vol. 12, janvier 2012, p. 89-100.

Purdy H. A., « *Immunologic reactions with tobacco mosaic virus* », *Journal of experimental medicine*, vol. 49, juin 1929, p. 919-935.

Beale H. P., « *Specificity of the precipitin reaction in tobacco mosaic disease* », *Journal of experimental medicine*, vol. 54, septembre 1931, p. 463-473.

Beale H. P., « *The serum reactions as an aid in the study of filterable viruses of plants* », *Contributions Boyce Thompson Institute*, vol. 6, 1934, p. 407-435.

STANLEY W. M., « *Isolation of a crystalline protein possessing the properties of tobacco-mosaic virus* », *Science*, vol. 81, juin 1935, p. 644-645.

BAWDEN F. C., PIRIE N. W., *et al.*, « *Liquid crystalline substances from virus-infected plants* », *Nature*, vol. 138, décembre 1936, p. 1051-1052.

○ AUTHIER A., « Une découverte qui a changé le monde : la diffraction des rayons X », *Reflets de la physique*, vol. 39, février 2014.

○ MADDOX B., *Rosalind Franklin, la Dark Lady de l'ADN*, Paris, Éditions des femmes, 2012.

Articles concernant la structure de l'ADN parus simultanément dans *Nature* : FRANKLIN R. E., et GOSLING R. G., « *Molecular configuration in sodium thymonucleate* », vol. 171, avril 1953, p. 740-741 ; WILKINS M. H. F., STROKES A. R., et WILSON H. R., « *Molecular structure of deoxypentose nucleic acids* », vol. 171, avril 1953, p. 738-740 ; WATSON J. D., et CRICK F. H., « *Molecular structure of nucleic acids; A structure for deoxyribose nucleic acid* », vol. 171, avril 1953, p. 737-738.

WYCKOFF R. W. G., et COREY R. B., « *X-ray diffraction patterns of crystalline tobacco mosaic proteins* », *Journal of Biological Chemistry*, vol. 116, 1936, p. 51-55.

WYCKOFF R. W. G., et COREY R. B., « *The ultracentrifugal crystallization of tobacco mosaic virus protein* », *Science*, vol. 84, 1936, p. 513.

SVEDBERG T., « *The ultracentrifuge* », Discours de réception de prix Nobel, mai 1927.

MCKINNEY H. H., « *Quantitative and purification methods in virus studies* », *Journal of agricultural research*, vol. 35, juillet 1927.

Premières observations de virus au microscope électronique : VON BORRIES B., RUSKA E., et RUSKA H., « *Bakterien und Virus in Übermikroskopischer Aufnahme* », *Klinische Wochenschrift*, vol. 17, juillet 1938, p. 921-925 ; KAUSCHE G. A., PFANKUCH E., et RUSKA H., « *Die Sichtbarmachung von pflanzlichem Virus im Übermikroskop* », *Naturwissenschaften*, vol. 27, mai 1939, p. 292-299.

VAN HELVOORT T., et SANKARAN N., « *How seeing became knowing : the role of the electron microscope in shaping the modern definition of viruses* », *Journal of the history of biology*, vol. 52, juin 2018, p. 125-160.

WATSON J. D., « *The structure of tobacco mosaic virus : I. X-ray evidence of a helical arrangement of sub-units around the longitudinal axis* », *Biochimica et biophysica acta*, vol. 13, 1954, p. 10-19.

FRANKLIN R. E., « *Structure of tobacco mosaic virus* », *Nature*, vol. 175, 1955, p. 379-381.

FRANKLIN R. E., et KLUG A., « *The nature of the helical groove on the tobacco mosaic virus particle X-ray diffraction studies* », *Biochimica et biophysica acta*, vol. 19, 1956, p. 403-416.

CASPAR D. L. D., « *Structure of tobacco mosaic virus : radial density distribution in the tobacco mosaic virus particle* », *Nature*, vol. 177, mai 1956, p. 928.

FRANKLIN R. E., « *Structure of tobacco mosaic virus : location of the ribonucleic acid in the tobacco mosaic virus particle* », *Nature*, vol. 177, mai 1956, p. 928-930.

LWOFF A., « *The concept of virus* », *Journal of general microbiology*, vol. 17, octobre 1957, p. 239-253.

FRAENKEL-CONRAT H., et WILLIAMS R. C., « *Reconstitution of active tobacco mosaic virus from its inactive protein and nucleic acid components* », *Proceedings of the*

National Academy of Sciences, vol. 41, octobre 1955, p. 690-698.

FRAENKEL-CONRAT H., « *The role of the nucleic acid in the reconstitution of active tobacco mosaic virus* », *Journal of the american chemical society*, vol. 78, février 1956, p. 882-883.

FRAENKEL-CONRAT H., et SINGER B., « *Virus reconstitution. II. Combination of protein and nucleic acid from different strains* », *Biochimica et biophysica acta*, vol. 24, juin 1957, p. 540-548.

GIERER A., et SCHRAMM G., « *Infectivity of ribonucleic acid from tobacco mosaic virus* », *Nature*, vol. 177, 1956, p. 702-703.

FRAENKEL-CONRAT H., SINGER B., et WILLIAMS R. C., « *Infectivity of viral nucleic acid* », *Biochimica et biophysica acta*, vol. 25, 1957, p. 87-96.

TWORT F. W., « *An investigation on the nature of ultra-microscopic viruses* », *The Lancet*, vol. 186, décembre 1915, p. 1241-1243.

D'HERELLE F., « Sur un microbe invisible antagoniste des bacilles dysentériques », *Les comptes rendus de l'Académie des sciences*, vol. 165, 1917, p. 373-375.

DUCKWORTH D. H., « *"Who discovered bacteriophage?"* », *Bacteriol. Rev.*, vol. 40, décembre 1976, p. 793-802.

○ LEMIEUX R., *Félix d'Hérelle, trop rebelle pour le Nobel*, Montréal, Multimondes, 2019.

D'HERELLE F., *Le bactériophage et son comportement*, Paris, Masson et Cie, 1926.

SHARP R., « *Bacteriophages: biology and history* », *Journal of chemical technology and biotechnology*, juin 2001.

ANDERSON T. F., « *Techniques for the preservaation of three-dimensional structure in preparing specimens for the electron microscope* », *Transactions of the New York Academy of sciences*, vol. 13, 1951, p. 130-134.

PERRY R. P., « *Thomas Foxen Anderson 1911-1991* », *Biographical Memoirs*, vol. 87, 2005.

HERSHEY A. D., et CHASE M., « *Independent functions of viral protein and nucleic acid in growth of bacteriophage* », *The journal of general physiology*, vol. 36, mai 1952, p. 39-56.

CHAPITRE 3

o GOZLAN M., « Les chauves-souris chinoises, réservoirs de coronavirus émergents », blog *Réalités Biomédicales*, 10 février 2020.

ALIZON S., VAN BAALEN M., *et al.*, « *Virulence evolution and the trade-off hypothesis: history, current state of affairs and the future* », *Journal of evolutionary biology*, vol. 22, janvier 2009.

CRESSLER C. E., DAY T., *et al.*, « *The adaptive evolution of virulence: a review of theoretical predictions and empirical tests* », *Parasitology*, vol. 143, juin 2016, p. 915-930.

JONES K. E., DASZAK P., *et al.*, « *Global trends in emerging infectious diseases* », *Nature*, vol. 451, 2008, p. 990-993.

WANG L.-F., et CRAMERI G., « *Emerging zoonotic viral diseases* », *Revue scientifique et technique*, vol. 33, août 2014, p. 569-581.

WOOLHOUSE M., CHASE-TOPPING M., *et al.*, « *Human viruses: discovery and emergence* », *Philosophical Transactions of the Royal Society B: Biological Sciences*, vol. 367, octobre 2012, p. 2864-2871.

o BIQUAND E., CHANTELOUP A, *et al.*, « Comment émergent et ré-émergent les nouveaux virus humains ? », site Internet Planet-Vie, mai 2018.

PEETERS M., JUNG M., et AYOUBA A., « *The origin and molecular epidemiology of HIV* », *Expert review of anti-infective therapy*, vol. 9, septembre 2013, p. 885-896.

BARRÉ-SINOUSSI F., « *HIV : A discovery opening the road to novel scientific knowledge and global health improvement* », *Virology*, vol. 397, février 2010, p. 255-259.

o Prises de notes, conférences données sur le VIH à l'institut Pasteur en 2017 : http://bit.ly/VIHPasteurTL

Premier rapport de situation de l'OMS sur la Covid-19, 21 janvier 2020.

« Répartition et évolution des causes de décès en France », http://www.santepublique.eu/, mars 2013.

EGGERICKX T., LÉGER J.-F., SANDERSON J.-P., et VANDESCHRICK C., « L'évolution de la mortalité en Europe du XIXe siècle à nos jours », *Espace populations sociétés* [en ligne], 27 janvier 2018.

JORDAN D., *et al.*, « *The deadliest flu : the complete story of the discovery and reconstruction of the 1918 pandemic virus* », article sur le site du CDC.

o CAILLOCE L., « Pergélisol, le piège climatique », *CNRS Le journal*, 26 janvier 2015.

PENADÉS J. R., NOVICK R. P., *et al.*, « *Bacteriophage-mediated spread of bacterial virulence genes* », *Current opinion in microbiology*, vol. 23, février 2015, p. 171-178.

GRIFFITH F., « *The significance of pneumococcal types* », *Journal of Hygiene*, vol. 27, 1928, p. 113-159.

AVERY O. T., MACLEAD C. M., et MCCARTY M., « *Studies on the chemical nature of the substance inducing transformation of pneumococcal types* », *Journal of experimental medicine*, vol. 79, février 1944, p. 137-158.

LEDERBERG J., et TATUM E. L., « *Gene recombination in Escherichia coli* », *Nature*, vol. 158, octobre 1946, p. 558.

o Kerner P., et Kerner E., « Esther Lederberg », blog *Strange Stuff and Funky Things*, décembre 2019.

Marks L., « *Professor Esther Lederberg* », blog *What is biotechnology*, décembre 2015.

Steinmetz K., « *Esther Lederberg and her husband were both trailblazing scientists. Why have more people heard of him ?* », site du *Time*, avril 2019.

o « Esther Lederberg, pionnière méconnue de la génétique bactérienne », article sur le site Futura Santé, février 2015.

Zinder N. D., et Lederberg J., « *Genetic exchange in salmonella* », *Journal of Bacteriology*, vol. 64, novembre 1952, p. 679-699.

« *The Joshua Lederberg Papers* », biographie et recueil de documents sur le site de la National Library of Medicine.

o Louapre D., « Y a-t-il autant d'étoiles dans l'Univers que de grains de sable sur Terre ? », blog *Science étonnante*, 23 juillet 2012.

Keen E. C., « *A century of phage research : Bacteriophages and the shaping of modern biology* », *Bioessays*, vol. 37, janvier 2015, p. 6-9.

Boyd E. F., et Brüssow H., « *Common themes among bacteriophage-encoded virulence factors and diversity among the bacteriophages involved* », *Trends in microbiology*, vol. 10, novembre 2002, p. 521-529.

Boyd E. F., « *Chapter 4 - Bacteriophage-encoded bacterial virulence factors and phage–pathogenicity island interactions* », *Advances in virus research*, vol. 82, 2012, p. 91-118.

Dokland T., « *Molecular piracy : redirection of bacteriophage capsid assembly by mobile genetic elements* », *Viruses*, vol. 11, novembre 2019, p. 1003.

Fillol-Salom A., Penadés J. R., *et al.*, « *Hijacking the hijackers : Escherichia coli pathogenicity islands redirect helper phage packaging for their own benefit* », *Molecular Cell*, vol. 75, septembre 2019, p. 1020-1030.

Schwemmlein N., Blankenfeldt W., *et al.*, « *Crystal structures of R-Type bacteriocin sheath and tube proteins CD1363 and CD1364 from clostridium difficile in the pre-assembled state* », *Frontiers in Microbiology*, vol. 9, août 2018.

Jinek M., Chylinski K., *et al.*, « *A programmable dual-RNA–guided DNA endonuclease in adaptive bacterial immunity* », *Science*, vol. 337, août 2012, p. 816-821.

Seed K. D., Camilli A., *et al.*, « *A bacteriophage encodes its own CRISPR/Cas adaptive response to evade host innate immunity* », *Nature*, vol. 494, février 2013, p. 489-491.

Merlin C., et Toussaint A., « Les éléments transposables bactériens », *Médecine/sciences*, vol. 15, 1999, p.I-XIII.

Fedoroff N. V., « *Barbara McClintock (June 16, 1902-September 2, 1992)* », *Genetics*, vol. 136, 1994, p. 1-10.

Lander E., Linton L., Birren B., *et al.*, « *Initial sequencing and analysis of the human genome* », *Nature*, vol. 409, février 2001, p. 860-921.

Jason de Koning A. P., Pollock D. P., *et al.*, « *Repetitive elements may comprise over two-thirds of the human genome* », *Plos genetics*, vol. 7, décembre 2011.

Worobey M., Jaffe H. W., *et al.*, « *1970s and 'Patient 0' HIV-1 genomes illuminate early HIV/AIDS history in North America* », *Nature*, vol. 539, novembre 2016, p. 98-101.

Düx A., Lequime S., Patrono L. V., *et al.*, « *Measles virus and rinderpest virus divergence dated to the sixth century BCE* », *Science*, vol. 368, 2020, p. 1367-1370.

Feschotte C., et Gilbert C., « *Endogenous viruses: insights into viral evolution and impact on host biology* », *Nature*, vol. 13, mars 2012, p. 283-296.

Jha A. R., Pillai S. K., *et al.*, « *Human endogenous retrovirus K106 (HERV-K106) was infectious after the emergence of anatomically modern humans* », *Plos One*, vol. 6, mai 2011.

Thomas J., Perron H., et Feschotte C., « *Variation in proviral content among human genomes mediated by LTR recombination* », *Mobile DNA*, vol. 9, décembre 2018.

○ « L'épopée des rétrovirus [La Science à Contrepied] », chaîne YouTube *Tania Louis*, 8 avril 2017.

Mi S., McCoy J. M., *et al.*, « *Syncytin is a captive retroviral envelope protein involved in human placental morphogenesis* », *Nature*, vol. 403, février 2000, p. 785-789.

Blaise S., Heidmann T., *et al.*, « *Genomewide screening for fusogenic human endogenous retrovirus envelopes identifies syncytin 2, a gene conserved on primate evolution* », *Proceedings of the National Academy of Sciences*, vol. 100, octobre 2003, p. 13013-13018.

Dupressoir A., Heidmann T., *et al.*, « *Syncytin-A and syncytin-B, two fusogenic placenta-specific murine envelope genes of retroviral origin conserved in Muridae* », *PNAS*, vol. 102, janvier 2005, p. 725-730.

Vernochet C., Heidmann T., *et al.*, « *A syncytin-like endogenous retrovirus envelope gene of the guinea pig specifically expressed in the placenta junctional zone and conserved in caviomorpha* », *Placenta*, vol. 32, novembre 2011, p. 885-892.

Redelsperger F., Dupressoir A., *et al.*, « *Capture of syncytin-Mar1, a fusogenic endogenous retroviral envelope gene involved in placentation in the rodentia squirrel-related clade* », *Journal of virology*, vol. 88, juillet 2014, p. 7915-7928.

HEIDMANN O., HEIDMANN T., *et al.*, « *Identification of an endogenous retroviral envelope gene with fusogenic activity and placenta-specific expression in the rabbit : A new "syncytin" in a third order of mammals* », *Retrovirology*, vol. 6, novembre 2009.

CORNELIS G, HEIDMANN T., *et al.*, « *Ancestral capture of syncytin-Car1, a fusogenic endogenous retroviral envelope gene involved in placentation and conserved in Carnivora* », *PNAS*, vol. 109, février 2012, p. 432-441.

CORNELIS G., DUPRESSOIR A., *et al.*, « *Captured retroviral envelope syncytin gene associated with the unique placental structure of higher ruminants* », *PNAS*, vol. 110, février 2013, p. 828-837.

CORNELIS G., HEIDMANN T., *et al.*, « *Retroviral envelope syncytin capture in an ancestrally diverged mammalian clade for placentation in the primitive afrotherian tenrecs* », *PNAS*, vol. 111, octobre 2014, p. 4332-4341.

CORNELIS G., HEIDMANN T., *et al.*, « *Retroviral envelope gene captures and syncytin exaptation for placentation in marsupials* », *PNAS*, vol. 112, février 2015, p. 487-496.

CORNELIS G., HEIDMANN T., *et al.*, « *An endogenous retroviral envelope syncytin and its cognate receptor identified in the viviparous placental mabuya lizard* », *PNAS*, vol. 114, décembre 2017, p. 10991-11000.

FUNK M., HEIDMANN T., *et al.*, « *Capture of a hyena-specific retroviral envelope gene with placental expression associated in evolution with the unique emergence among carnivorans of hemochorial placentation in Hyaenidae* », *Journal of virology*, vol. 93, février 2019.

Lavialle C., Heidmann T., *et al.*, « *Paleovirology of 'syncytins', retroviral env genes exapted for a role in placentation* », *Philosophical Transactions of the Royal Society B : Biological Sciences*, vol. 368, septembre 2013.

Esnault C., Heidmann T., *et al.*, « *Differential evolutionary fate of an ancestral primate endogenous retrovirus envelope gene, the EnvV syncytin, captured for a function in placentation* », *PLoS Genetics*, vol. 9, mars 2013.

Dupressoir A., Heidmann T., *et al.*, « *A pair of co-opted retroviral envelope syncytin genes is required for formation of the two-layered murine placental syncytiotrophoblast* », *PNAS*, vol. 108, novembre 2011, p. 1164-1173.

Roberts R. M., Green J. A., et Schulz L. C., « *The evolution of the placenta* », *Reproduction*, vol. 152, novembre 2016, p. 179-189.

Redelsperger F., Heidmann T., *et al.*, « *Genetic evidence that captured retroviral envelope syncytins contribute to myoblast fusion and muscle sexual dimorphism in mice* », *PLoS Genetics*, vol. 12, septembre 2016.

Coudert A. E., Dupressoir A., *et al.*, « *Role of the captured retroviral envelope syncytin-B gene in the fusion of osteoclast and giant cell precursors and in bone resorption, analyzed ex vivo and in vivo in syncytin-B knockout mice* », *Bone reports*, décembre 2011.

Drezen J.-M., Herniou E. A., *et al.*, « *Endogenous viruses of parasitic wasps : variations on a common theme* », *Current opinion in virology*, vol. 25, août 2017, p. 41-48.

Yong E., « *An inordinate fondness for wasps* », *The atlantic*, 6 avril 2018.

CHUONG E. B., « *The placenta goes viral : Retroviruses control gene expression in pregnancy* », *Plos Biology*, vol. 16, octobre 2018.

DUNN-FLETCHER C. E., MUGLIA L. J., *et al.*, « *Anthropoid primate–specific retroviral element THE1B controls expression of CRH in placenta and alters gestation length* », *Plos Biology*, vol. 16, septembre 2018.

SUNDARAM V., et WYSOCKA J., « *Transposable elements as a potent source of diverse cis-regulatory sequences in mammalian genomes* », *Philosophical Transactions of the Royal Society B : Biological Sciences*, vol. 375, mars 2020.

FRANK J. A., et FESCHOTTE C., « *Co-option of endogenous viral sequences for host cell function* », *Current opinion in virology*, vol. 25, août 2017, p. 81-89.

MALFAVON-BORJA R., et FESCHOTTE C., « *Fighting fire with fire : Endogenous retrovirus envelopes as restriction factors* », *Journal of virology*, vol. 89, avril 2015, p. 4047-4050.

BRAY N., « *ARC goes viral* », *Nature reviews neuroscience*, vol. 19, 2018, p. 120-121.

○ GROS A., et BESNARD A., « Quand les neurones s'inspirent des virus pour communiquer », *CNRS Le journal*, 13 mars 2018.

KOONIN E. V., et KRUPOVIC M., « *The depths of virus exaptation* », *Current opinion in virology*, vol. 31, août 2018, p. 1-8.

ASWAD A., et KATZOURAKIS A., « *Paleovirology and virally derived immunity* », *Trends in ecology & evolution*, vol. 27, novembre 2012, p. 627-636.

CHAPITRE 4

Dernière classification du Comité international de taxonomie des virus : https://talk.ictvonline.org/taxonomy/

Exemple d'une classification virale, le choix du nom du SARS-CoV-2 : Gorbalenya A. E., Baker S. C., Baric R. S., *et al.*, « *The species Severe acute respiratory syndrome-related coronavirus : classifying 2019-nCoV and naming it SARS-CoV-2* », *Nature microbiology*, vol. 5, mars 2020, p. 536-544.

Gorbalenya A. E., Krupovic M., Mushegian A., *et al.*, « *The new scope of virus taxonomy : partitioning the virosphere into 15 hierarchical ranks* », *Nature microbiology*, vol. 5, avril 2020, p. 668-674.

Delfosse E., « Le nombre d'espèces d'Insectes connus en France et dans le monde (Arthropoda : Insectes) », *Le bulletin d'Arthropoda*, n° 42, 2009.

o Braly J.-P., « La révolution métagénomique », *CNRS Le journal*, 16 juillet 2015.

o Schutz S., « Introduction à la métagénomique », blog dridk.me, 2016.

Gregory A. C., Sullivan M. B., *et al.*, « *Marine DNA viral macro- and microdiversity from pole to pole* », *Cell*, vol. 177, mai 2019, p. 1109-1123.

Shi M., Zhang Y.-Z., *et al.*, « *The evolutionary history of vertebrate RNA viruses* », *Nature*, vol. 556, avril 2018, p. 197-202.

Zimmer C., « *Welcome to the virosphere* », *The New York Times*, 24 mars 2020.

Tisza M. J., Buck C. B., *et al.*, « *Discovery of several thousand highly diverse circular DNA viruses* », *eLife*, 4 février 2020.

Krishnamurthy S. R., et Wang D., « *Origins and challenges of viral dark matter* », *Virus research*, vol. 239, juillet 2017, p. 136-142.

OBBARD D. J., DENNIS A. B., *et al.*, « *A new lineage of segmented RNA viruses infecting animals* », *Virus evolution*, vol. 6, janvier 2020.

DUTILH B. E., EDWARDS R. A., *et al.*, « *A highly abundant bacteriophage discovered in the unknown sequences of human faecal metagenomes* », *Nature Communications*, vol. 5, juillet 2014.

YUTIN N., KOONIN E. V., *et al.*, « *Discovery of an expansive bacteriophage family that includes the most abundant viruses from the human gut* », *Nature microbiology*, vol. 3, novembre 2017, p. 38-46.

SHKOPOROV A. N., HILL C., *et al.*, « *ΦCrAss001 represents the most abundant bacteriophage family in the human gut and infects Bacteroides intestinalis* », *Nature communications*, vol. 9, novembre 2018.

EDWARDS R. A., DUTILH B. E., *et al.*, « *Global phylogeography and ancient evolution of the widespread human gut virus crAssphage* », *Nature microbiology*, vol. 4, juillet 2019, p. 1727-1736.

KOONIN E. V., et YUTIN N., « *The crAss-like phage group : how metagenomics reshaped the human virome* », *Trends in microbiology*, vol. 28, mai 2020, p. 349-359.

KUHN J. H., KOONIN E. V., *et al.*, « *Classify viruses — the gain is worth the pain* », *Nature*, 20 février 2019.

IRANZO J., et MANRUBIA S. C., « *Evolutionary dynamics of genome segmentation in multipartite viruses* », *Proceedings of the Royal Society B*, juillet 2012.

SICARD A., BLANC S., *et al.*, « *A multicellular way of life for a multipartite virus* », *eLife*, 12 mars 2019.

SICARD A., BLANC S., *et al.*, « *The strange lifestyle of multipartite viruses* », *Plos pathogens*, novembre 2016.

Yong E., « *A new discovery upends what we know about viruses* », *The atlantic*, 14 mars 2019.

Brown P., « *1755 and all that : a historical primer of transmissible spongiform encephalopathy* », *British Medical Journal*, vol. 317, décembre 1998.

Prusiner S. B., « *Prions* », Discours de réception de prix Nobel, 1997.

Prusiner S. B., « *Novel proteinaceous infectious particles cause scrapie* », *Science*, vol. 216, avril 1982, p. 136-144.

o Igel-Egalon A., « Le prion : l'histoire d'une protéine infectieuse », site Planet-Vie, février 2018.

Vallabh S. M., Lander E. S., *et al.*, « *Towards a treatment for genetic prion disease : trials and biomarkers* », *The Lancet*, vol. 19, avril 2020, p. 361-368.

Owens R. A., « *Potato spindle tuber viroid : the simplicity paradox resolved* », *Molecular plant pathology*, vol. 8, juillet 2007.

« *Tracking the elusive viroid* », *Agricultural Research*, mai 1989, en ligne sur le site de l'USDA.

Diener T. O., « *Discovering viroids — a personal perspective* », *Nature reviews microbiology*, vol. 1, octobre 2003, p. 75-80.

Diener T. O., et Raymer W. B., « *Potato spindle tuber virus : A plant virus with properties of a free nucleic acid* », *Science*, vol. 158, octobre 1967, p. 378-381.

Diener T. O., « *Potato spindle tuber "virus": IV. A replicating, low molecular weight RNA* », *Virology*, vol. 45, août 1971, p. 411-428.

o Maurel M.-C., « À la frontière du vivant : les viroïdes », *The conversation*, 19 février 2018.

Raoult D., La Scola B., et Birtles R., « *The discovery and characterization of mimivirus, the largest known virus and putative pneumonia agent* », *Clinical infectious diseases*, vol. 45, juillet 2007, p. 95-102.

La Scola B., Raoult D., *et al.*, « *A giant virus in Amoebae* », *Science*, vol. 299, mars 2003, p. 2033.

○ Site Internet du laboratoire « Information Génomique et Structurale » : https://www.igs.cnrs-mrs.fr/le-laboratoire/plus-en-detail/

Claverie J.-M., et Abergel C., « *Giant viruses : The difficult breaking of multiple epistemological barriers* », *Studies in History and Philosophy of Science Part C : Studies in History and Philosophy of Biological and Biomedical Sciences*, vol. 59, octobre 2016, p. 89-99.

○ Claverie J.-M., Abergel C., et Legendre M., « Des virus géants créateurs de leurs propres gènes ? », *Médecine/sciences*, vol. 34, décembre 2018, p. 1087-1091.

○ Claverie J.-M., et Abergel C., « Les virus géants, état des connaissances, énigmes, controverses et perspectives », *Médecine/sciences*, vol. 32, 2016, p. 1087-1096.

Legendre M., Claverie J.-M., *et al.*, « *Thirty-thousand-year-old distant relative of giant icosahedral DNA viruses with a pandoravirus morphology* », *PNAS*, vol. 111, mars 2014, p. 4274-4279.

Legendre M., Claverie J.-M., *et al.*, « *In-depth Study of Mollivirus sibericum, a new 30,000-y-old giant virus infecting Acanthamoeba* », *PNAS*, vol. 112, septembre 2015, p. 5327-5335.

Schulz F., Woyke T., *et al.*, « *Hidden diversity of soil giant viruses* », *Nature communications*, vol. 9, novembre 2018.

Bandea C. I., « *A new theory on the origin and the nature of viruses* », *Journal of theoretical biology*, vol. 105, décembre 1983, p. 591-602.

CLAVERIE J. M., « *Viruses take center stage in cellular evolution* », *Genome Biology*, vol. 7, juin 2006.

WIMMER E., « *The test-tube synthesis of a chemical called poliovirus* », *EMBO reports*, vol. 7, juillet 2006.

FORTERRE P., « *Manipulation of cellular syntheses and the nature of viruses : The virocell concept* », *Comptes rendus chimie*, vol. 14, avril 2011, p. 392-399.

FORTERRE P., « *Giant viruses : conflicts in revisiting the virus concept* », *Intervirology*, vol. 53, juin 2010, p. 362-378.

FORTERRE P., « *The virocell concept and environmental microbiology* », *The ISME Journal*, vol. 7, février 2013, p. 233-236.

FORTERRE P., « *Viruses in the 21st century : from the curiosity-driven discovery of giant viruses to new concepts and definition of life* », *Clinical infectious diseases*, vol. 65, août 2017, p. 74-79.

VAN REGENMORTEL M. H. V., « *The metaphor that viruses are living is alive and well, but it is no more than a metaphor* », *Studies in History and Philosophy of Science Part C : Studies in History and Philosophy of Biological and Biomedical Sciences*, vol. 59, octobre 2016, p. 117-124.

ROSENWASSER S., VARDI A., *et al.*, « *Virocell metabolism : metabolic innovations during host–virus interactions in the ocean* », *Trends in microbiology*, vol. 24, octobre 2016, p. 821-832.

HOWARD-VARONA C., DUHAIME M. B., *et al.*, « *Phage-specific metabolic reprogramming of virocells* », *The ISME Journal*, vol. 14, janvier 2020, p. 881-895.

MONIRUZZAMAN M., AYLWARD F. O., *et al.*, « *Dynamic genome evolution and complex virocell metabolism of globally-distributed giant viruses* », *Nature communications*, vol. 11, avril 2020.

Dolgin E., « *The secret social lives of viruses* », *Nature*, 18 juin 2019.

Diaz-Munoz S. L., Sanjuan R., et West S., « *Sociovirology: Conflict, cooperation, and communication among viruses* », *Cell Host microbe*, vol. 22, octobre 2017, p. 437-441.

Kassanis B., « *Portraits of viruses: tobacco necrosis virus and its satellite virus* », *Intervirology*, vol. 15, 1981, p. 57-70.

Claverie J.-M., et Abergel C., « *Mimivirus and its virophage* », *Annual review of genetics*, vol. 43, décembre 2009, p. 49-66.

Gaia M., La Scola B., *et al.*, « *Zamilon, a novel virophage with Mimiviridae host specificity* », *PLoS ONE*, vol. 9, 2014.

La Scola B., Raoult D., *et al.*, « *The virophage as a unique parasite of the giant Mimivirus* », *Nature*, vol. 455, septembre 2008, p. 100-104.

Fischer M. G., « *The virophage family Lavidaviridae* », *Current Issues in Molecular Biology*, vol. 40, février 2020, p. 1-24.

Fischer M. G., et Hackl T., « *Host genome integration and giant virus-induced reactivation of the virophage Mavirus* », *Nature*, vol. 540, décembre 2016, p. 288-291.

Jeudy S., Abergel C., *et al.*, « *Exploration of the propagation of transpovirons within Mimiviridae reveals a unique example of commensalism in the viral world* », *The ISME Journal*, vol. 14, décembre 2019, p. 727-739.

○ Dublanchet A., et Fruciano E., « Brève histoire de la phagothérapie », *Médecine et maladies infectieuses*, vol. 38, août 2008, p. 415-420.

Drulis-Kawa Z., Lavigne R., *et al.*, « *Learning from bacteriophages - advantages and limitations of phage and phage-encoded protein applications* », *Current Protein & Peptide Science*, vol. 13, décembre 2012, p. 699-722.

FLEMING A., « *On the antibacterial action of cultures of a penicillium, with special reference to their use in the isolation of B. influenzæ* », *British journal of experimental pathology*, vol. 10, juin 1929, p. 226-236.

« *Tackling drug-resistant infections globally : final report and recommendations* », rapport de la *Review on Antimicrobial Resistance*, mai 2016.

CORBYN Z., « *Steffanie Strathdee : 'Phages have evolved to become perfect predators of bacteria'* », *The guardian*, 15 juin 2019.

TATUM E. L., « *Molecular biology, nucleic acids, and the future of medicine* », *Perspectives in Biology and Medicine*, vol. 10, automne 1966, p. 19-32.

RAMEZANPOUR B., CLAASSEN E., *et al.*, « *Vector-based genetically modified vaccines : Exploiting Jenner's legacy* », *Vaccine*, vol. 34, décembre 2016, p. 6436-6448.

MOHSEN M. O., BACHMANN M. F., *et al.*, « *Major findings and recent advances in virus–like particle (VLP)-based vaccines* », *Seminars in immunology*, vol. 34, décembre 2017, p. 123-132.

PHILIPPIDIS A., « *Making history with the 1990 Gene therapy trial* », *Genetic engineering & biotechnology news*, vol. 36, avril 2016.

WATCHI H., « "Bébés-bulles" : huit enfants "guéris" de leur immunodéficience après une nouvelle thérapie génique », *Sciences et avenir*, 28 avril 2019.

HACEIN-BEY-ABINA S., THRASHER A. J., *et al.*, « *A Modified γ-retrovirus vector for X-linked severe combined immunodeficiency* », *The New England Journal of Medicine*, vol. 371, octobre 2014, p. 1407-1417.

MAMCARZ E., SORRENTINO B. P., *et al.*, « *Lentiviral gene therapy combined with low-dose busulfan in infants with SCID-X1* », *The New England journal of medicine*, vol. 380, avril 2019, p. 1525-1534.
Base de données du *Journal of Gene Medicine* sur les essais cliniques de thérapies géniques : http://www.abedia.com/wiley/indications.php

REMERCIEMENTS

Ce livre doit son existence et sa forme définitive à :

Olivia Recasens, qui m'a fait confiance et a cru en un projet qui me tenait à cœur.

Julian, relecteur exhaustif et pointilleux, mais aussi et surtout soutien quotidien, depuis des années.

Alexandra, Éléa, David, Pierre, Rémi, Sacha et Vincent, qui se sont penchés sur certaines parties du manuscrit pour y débusquer d'éventuelles erreurs à corriger.

Le corbeau qui d'un battement d'ailes rend accessibles tant de publications scientifiques.

Les moineaux qui apprécient le rosier que je vois depuis mon bureau et m'ont tenu compagnie pendant l'écriture.

Les personnes et structures qui m'ont soutenue et accompagnée pendant le parcours de vulgarisation qui a précédé ce livre, notamment François, sans qui je n'aurais jamais créé la chaîne YouTube qui m'a ouvert tant de portes, et le Café des sciences.

Les enseignants qui m'ont inoculé la contagieuse passion de la virologie, à commencer par Uriel Hazan.

L'évolution qui a permis l'apparition de tant de choses fascinantes juste là, sur notre planète.

Mes parents qui, en plus du reste, m'ont transmis l'amour des livres et des mots.

Merci.

TABLE DES MATIÈRES

Composition réalisée par
IGS-CP (16)

Imprimé en France par
CPI Bussière
en avril 2024
N° d'impression : 2077539